Alice Stern

W0364935

Geflügel artgerecht halten

Franckh-Kosmos

Impressum

Mit 16 Farbfotos von Hans Reinhard (S.17,18, 36, 53 o., 54, 71, 72) und Hans-Jürgen Stern (S. 35, 53 u.) sowie 29 Zeichnungen von Alice Stern.

Umschlaggestaltung von Atelier Reichert, Stuttgart, unter Verwendung von 4 Farbaufnahmen von Juniors Tierbild-Archiv (großes Bild: Tolksdorf, links: Neukampf, rechts: Zeitz) und von Reinhard-Tierfoto (Rückseite).

Die Deutsche Bibliothek –
CIP-Einheitsaufnahme

Stern, Alice:
Geflügel artgerecht halten : [Hühner, Enten, Gänse, Puten] / Alice Stern. – 2. Aufl. – Stuttgart : Franckh-Kosmos, 1993
ISBN 3-440-06726-2

Der Inhalt dieses Buches basiert auf dem 1986 bei Franckh-Kosmos erschienenen Titel »Geflügel« von Alice Stern.

2. Auflage/1993
© 1991, Franckh-Kosmos Verlags-GmbH
& Co., Stuttgart
Alle Rechte vorbehalten
ISBN 3-440-06726-2
Printed in Germany / Imprimé en Allemagne
Satz: Typobauer Filmsatz GmbH, Ostfildern 3
Herstellung: Huber KG, Dießen

Geflügel artgerecht halten

Einleitung

Was da so treffend vom großen Meister Wilhelm Busch in der Geschichte der »Witwe Bolte« beschrieben wird, betrifft das gesamte Hausgeflügel und müßte eigentlich noch durch zwei wichtige Punkte ergänzt werden: erstens den Dünger, den die Vögel reichlich produzieren, und zweitens die Freude, die sie uns Menschen machen können (wer seinen Busch gründlich liest, wird sehen, daß davon später auch noch die Rede ist). Voraussetzungen dafür sind aber geeignete Haltungsbedingungen, auf die gleich noch eingegangen wird. Neben der mittlerweile wieder so wichtig gewordenen Möglichkeit, durch die Haustierhaltung ein Stück näher an die Natur heranzurücken und ein sinnvolles Hobby betreiben zu können, steht der erhebliche praktische Nutzen, den wir vom Geflügel haben.

Sicher – Eier, Fleisch, fertige Daunendecken und Mineraldünger gibt es zu Schleuderpreisen. Aber wie steht es mit deren Inhaltsstoffen und Qualität? Wer mag schon gerne Reste von Beruhigungsmitteln (wird in der Käfighaltung gegen den zwangsläufig auftretenden Streß der zusammengepferchten Tiere gegeben), krankheitsvorbeugenden Arzneimitteln, Antibiotika, wachstumsfördernden Hormonen oder dem Lösungsmittel Perchloräthylen (im Tierkörpermehl – Bestandteil des Fertigfutters) in Eiern und Fleisch?

Trotz strenger gewordener Auflagen ist die Stichprobenkontrolle der Behörden kein ausreichender Schutz gegen solche Rückstände, zumal Eier und Fleisch aus den Nachbarländern solchen Auflagen meist nicht unterliegen. Wer dann noch an die Salmonellen denkt, die immer wieder das Geflügelfleisch (durch zu selten gewechseltes Wasser bei der Reinigung der geschlachteten Tiere) verseuchen, dem kann der Appetit auf diese Massenware schon vergehen.

Und auch der ethische Gesichtspunkt sollte nicht vergessen werden, denn unser Wunsch nach immer mehr und immer billigeren Lebensmitteln ist maßgeblich schuld an den geschilderten Zuständen. Als die Oma noch die Federtiere betreute, wurde nicht nach dem Kosten/Leistungsverhältnis gefragt. Zu Wilhelm Buschs Zeiten waren Eier noch enorm teuer. Zu Schleuderpreisen – das Suppenhuhn für 2,95 DM, das Ei für 20 Pfennige und weniger – kann nur produzieren, wer Geflügel zu Zigtausenden hält. Das geht natürlich auf Kosten der Qualität, und die Tierhaltung muß so rationalisiert werden, daß das Lebewesen endlich nur noch Maschinerie zum Eierlegen oder Fleischwachstum ist.

Wer aber Produkte aus Freilandhaltung will, muß bedenken, daß eine Freilandhenne je nach Rasse mindestens 15–20 m^2 Boden benötigt. Um von der Hühnerhaltung leben zu können, braucht ein Familienbetrieb mindestens 10000 Hennen. Das sind also 15 ha nur für den Auslauf. Das Zusatzfutter (nur etwa ein Drittel des Futterbedarfs kann im Auslauf

Einleitung

gedeckt werden) soll aber auch biologisch sein – möglichst aus eigenem Anbau. So ein »vollbiologisches« Ei von einem glücklichen Huhn würde den Verbraucher ca. 50–75 Pfennige kosten. Anders sieht es aus, wenn die Verbraucher direkt zum Erzeuger gehen, aber auch dann muß das Ei noch teurer als die rationell erzeugte Massenware sein.
Lassen Sie sich auch bitte nicht von dem mittlerweile häufiger zu findenden Aufdruck »garantierte Bodenhaltung« auf Eierkartons täuschen! Oft steht es in solchen Ställen noch schlimmer um die Lebensqualität dieser Tiere als in der Käfighaltung, da meist so viele Tiere pro Quadratmeter gehalten werden, daß sie noch nicht einmal mehr Platz zum Umfallen haben.
Doch genug des Wehgeschreis; wer sich dieses Buch kauft, hat sich eigentlich ja schon für mehr Qualität in seiner Ernährung entschieden, ohne Masteffekt, der teuer wieder abgehungert wird, und will nur wissen, welche Möglichkeiten der Geflügelhaltung es für ihn/sie gibt.
Die wichtigsten Voraussetzungen, um Geflügelhaltung als ein freudvolles Hobby, zur teilweisen Selbstversorgung oder als Nebenerwerb betreiben zu können, sind:
1. Nachbarn, die dieser nicht gerade geräuschlosen Haustierhaltung ihren Segen geben.
2. Ein geeignetes Grundstück – für 10 Hühner + Hahn muß mit 150–200 m^2 Weideauslauf gerechnet werden.
3. Das Grundstück muß hoch genug eingezäunt werden.
4. Wenn nicht schon zum Umbau geeignete Gebäude auf dem Grundstück stehen, will die Baubehörde vor einem Stallbau um Erlaubnis gebeten werden.
5. Enten brauchen dringend einen nicht zu kleinen Tümpel. Ein Zuchtpärchen benötigt 400 m^2 Auslauf.
6. Gänse sind typische Weidetiere, sie brauchen ca. 1500–2000 m^2 Weide pro Zuchtpaar und ebenfalls eine Badegelegenheit.
7. Ein Zuchtputenpaar benötigt ca. 350 m^2 Auslauf.
8. Bei guter Organisation können Sie die Tiere schon mal übers Wochenende allein lassen. Bei längerer Abwesenheit muß für zuverlässige Betreuung gesorgt sein.
9. Wer Geflügel hält, muß es auch schlachten.
10. Geduld und Liebe.

Damit dann alles einigermaßen harmonisch und sinnvoll abläuft, ob im Hühnerhof, am Ententeich oder auf der Gänseweide, soll zu Beginn eines jeden Kapitels ein Blick auf die wilden Vorfahren und das Verhalten des Hausgeflügels geworfen werden. Trotz teilweise jahrtausendelanger Domestikation ist nämlich immer noch vieles im Verhalten dieser Tiere natürlich geblieben, und alle Haustiere fühlen sich um so wohler, je mehr ihr Lebensraum ihrer früheren Heimat entspricht. Je mehr wir auf diese Ansprüche eingehen, um so größer ist die Gewähr, daß die Tiere gesund und lebensfroh bleiben.
Die einzelnen Kapitel bauen aufeinander auf, um Wiederholungen zu vermeiden. Es ist also ratsam, sich nicht nur z.B. das Gänsekapitel durchzulesen, sondern bei den Hühnern anzufangen.

Hühner

Kleine Ahnenforschung und Verhaltenskunde

Die Vorfahren unserer Haushühner stammen in erster Linie aus Asien. Besonders das in Indien lebende Bankivahuhn, klein und rebhuhnfarbig, wird als Ahnherr unserer Haushühner angesehen. Schon seit etwa 3200 v.Chr. werden Hühner in Indien als Haustiere gehalten. Nach anderen Quellen existieren Hühnerdarstellungen in Ägypten sogar schon aus der Zeit um 4400 v.Chr., und zwar zuerst als Kulttiere: Hähne, die mit ihrem morgendlichen Krähen den Sonnengott ankündigten, wurden verehrt, in Rom wurde später aus ihrem Verhalten die Zukunft gedeutet, die Kampfhahnepoche begann, schließlich wurden Hühner wegen ihres Fleisches und erst in jüngerer Zeit wegen ihrer Eier gehalten.

Während dieser langen Zeiträume haben sie sich über die ganze Welt verbreitet, und die Domestikation hat vielfältige Veränderungen im äußeren Erscheinungsbild der Tiere bewirkt: Zwerge (0,750 kg) und Riesen (5,500 kg), verschiedene Gefiederfarben (Farbschläge), Nackthälse, befiederte Beine und Zehen, Federhauben, winzige, mehrfache und riesige Kämme, steile und mehr waagerechte Körperhaltungen traten auf. Aber auch die Sinnesleistungen und Verhaltensformen haben sich geändert, wenn auch nie so stark, daß sich nicht in die Wildnis entlassene Haushühner wieder an ihre neue Umgebung anpassen würden.

Wildlebende Hühner haben viel leisere Lautäußerungen, stärker ritualisierte Verständigungsformen, ausgeprägteres Fluchtverhalten gegenüber allem Fremden und eine schnellere Lernfähigkeit, jedoch mit schwächerem Gedächtnis als ihre domestizierten Artgenossen. Das Bankivahuhn lebt im indischen Dschungel oder dessen trockenen Vorwäldern bis 1500 m Höhe und gehört wie alle Hühner zur Gruppe der Scharrvögel. Die Hauptbeschäftigung besteht darin, durch schwungvolles Kratzen auf der Erde nach hinten und seitwärts abwechselnd mit beiden Füßen nach Eßbarem zu scharren. Pflanzenteile, Samen, Erde, Sand, Insekten und Würmer werden in den körpereigenen Vorratsbehälter, den Kropf, gefüllt. Dabei ist der Tastsinn von entscheidender Bedeutung. Denn der Geruchssinn ist eher angedeutet als entwickelt und der Geschmackssinn, wie bei allem Geflügel, recht schwach ausgeprägt, bei Wildhühnern stärker als beim Haushuhn. Salzig, süß, sauer und bitter werden unterschieden, sind aber nur in deutlichen Konzentrationen in feuchtem Futter und in der Tränke, nicht aber bei Körnerfutter für die Futterwahl entscheidend und führen eher zur Ablehnung des Futters. Will das Huhn ein Korn aufpicken, so nimmt es den Kopf so weit zurück (ca. 4 cm), daß das Korn von beiden Augen gesehen werden kann. Hat es so die Lage des Korns fixiert, stößt es

zielgerecht mit dem Schnabel zu. Trifft es daneben, muß es erst den Kopf wieder zurücknehmen, das Korn fixieren und erneut zupicken.
Die Bereitwilligkeit, ein Korn aufzupicken, hängt zuerst von dessen Größe ab. Der Sinn für die seinem Schluckapparat angemessene Größe ist dem Huhn nämlich angeboren, erst Erfahrung, Neugier, Hunger oder das Beispiel eines anderen Huhnes bringt die Tiere später dazu, auch größere Körner, z.B. Mais, aufzupicken. Um diese neue Erfahrung reicher, verzehren sie dann sogar die größeren Körner zuerst, vielleicht, weil durch die schnellere Kropffüllung leichter ein Sättigungsgefühl entsteht.
Das Temperatursinnesorgan, die Zirbeldrüse im Gehirn, regelt die Körpertemperatur und das Temperaturempfinden der Umwelt. Zwischen 39,8 °C und 43,6 ° C liegt die normale Körpertemperatur, sie ist um 16 Uhr am höchsten, um 24 Uhr am niedrigsten. Große Kälte wird leichter ertragen als Temperaturen über 28 °C, da die Tiere keine Schweißdrüsen haben. Sie sperren dann den Schnabel auf, atmen schneller und füllen ständig den Kropf mit möglichst kühlem Wasser, um so das Blut der Halsschlagader zu kühlen. Beim Trinken müssen sie den Schnabel tief ins Wasser tauchen, heben dann den Kopf hoch in den Nacken und lassen die Tropfen die Kehle hinunterrinnen. Dieser Ablauf beim Trinken wird vorzugsweise von mehreren Tieren gleichzeitig und im gleichen Rhythmus durchgeführt.
Da das Wildhuhn im Wald lebt, ist sein Auge auf Nahsicht bis ca. 5 m für kleinere Dinge wie Körner und auf eine maximale Entfernung von 50 m für größere Gegenstände eingestellt. So entfernt sich auch heute noch ein Haushuhn nur sehr ungern weiter als 50 m von seinem Stall, der für seinen Gesichtskreis immer erkennbar bleiben muß. Um räumlich sehen zu können, muß abwechselnd das linke und das rechte Auge einen Gegenstand ansehen, wodurch das typische Hin und Her des Kopfes und der Zickzack-Gang beim Geflügel entstehen, durch den auch das Gleichgewicht gehalten wird. Das Farbsehen ist gut ausgeprägt, Helligkeit wird positiv empfunden, während Dunkelheit das Sehvermögen ganz erheblich einschränkt. Entsprechend dem Lebensraum ihrer Vorfahren meiden Haushühner offene Flächen, suchen Weiden mit Büschen und ähnlichen Deckungsmöglichkeiten als Schutz vor Raubwild und Witterungseinflüssen. Bei Gefahr flüchten Wildhühner, indem sie auf möglichst hochgelegene Bäume fliegen. Auch leichte Haushuhnrassen überfliegen noch ohne Mühe zwei Meter hohe Zäune, Zwerghühner überfliegen auch ein 30 Meter hohes Haus. Zur Nachtruhe lassen sich die Wildhühner zum Schutz vor Raubwild ebenfalls in den Bäumen nieder, wie auch die Haushühner einen erhöhten Platz auf den Sitzstangen im Stall suchen.
Eine Besonderheit des Geflügels sind die Vibrationsorgane: Sie befinden sich vor allem an den Beinen, aber auch auf der übrigen Haut verteilt und nehmen Schwingungen des Bodens und der Luft wahr, wodurch natürlich das Nahen eines Feindes schneller erkannt werden kann.

Hühner

Besonders wichtig im Urwaldleben ist zur möglichst frühen Feinderkennung auch das Gehör. Obwohl das Huhn, wie alle Vögel, kein äußeres Ohr, also keine Ohrmuschel hat, ist das Gehör sehr gut ausgeprägt. Der kurze Gehörgang wird durch Federn und einen Hautsaum geschützt. Im Zusammenhang mit diesem gut entwickelten Gehörsinn und dem geselligen Gruppenleben der Hühner steht auch die enorme Vielfalt an Lautäußerungen, wie sie kaum bei einer anderen Vogelart zu finden ist. Weit über 30 stimmliche Ausdrucksformen gibt es. Diese Lautäußerungen beginnen schon beim Küken im Ei, ca. 24 Stunden vor dem Schlupf. Das Küken piept in langgezogenen, hohen Tönen, die Glucke – also die brütende Henne – antwortet mit tiefen, ruhigen, sozusagen »runden« Lauten, eben dem »Glucken«, dem die brütende Henne ihren Namen verdankt. Laute, lange, zum Schluß gesenkte Pieptöne – das Verlassenheitsweinen – oder schrille Verlassenheitsrufe sagen der Glucke, daß sich ein Küken verlaufen hat. Sie antwortet mit schnellen, langen Glucktönen, die dem verlassenen Küken die Richtung angeben. Bis auf eine Entfernung von 15–20 Metern erkennen Küken »ihre« Glucke, und umgekehrt erkennen die Glucken bis auf diese Entfernung »ihre« Küken aus einer Vielzahl anderer Lautäußerungen heraus. Die Geschwister untereinander haben leise Zwitscherlaute, die das Wohlsein in der Gruppe ausdrücken, und den Warn- und Angsttriller. Auf die Verlassenheitsrufe der Geschwister reagieren sie nicht.
Die Glucke lockt mit kurzen, tiefen Tönen zum Futter, und zum Schlafen kriechen die Küken bei der Glucke unter, wenn diese lange, tiefe Locktöne, von kurzen, hohen unterbrochen, von sich gibt. Mit drei bis vier Monaten beginnen die Junghähne, Kampflaute der Erwachsenen nachzuahmen, später versuchen es die Junghennen mit dem Eierlege-Gackern. Junghähne ohne Gluckenschutz sind durch die Erwachsenen jedoch so eingeschüchtert, daß sie es erst viel später mit dem Krähen versuchen, das sich erst langsam vom Krächzen zum Krähen entwickelt. Erwachsene Hähne krähen durchdringend als Zeichen ihrer Macht und Lebensfreude. Glücklicherweise liegt aber die Hauptzeit des Krähens erst um 9 Uhr am Morgen. Leichte Rassen haben einen hohen, schwere einen tiefen Krähton, der vielleicht leichter zu ertragen ist. Neben dem Krähen haben Hähne differenzierte Lautäußerungen zur Warnung der Hühnerschar oder um sie an einen Futterplatz zu locken. Sie können freundlich bis zärtlich hohe Töne und drohend tiefe Laute äußern. Hennen singen als Zeichen des Wohlseins leise vor sich hin, reagieren erschreckt mit »Gagagi-gagagaa« oder geben die typischen Gackerlaute nach dem Eierlegen von sich. Letztere, wird behauptet, sind Anschlußrufe an die inzwischen weitergewanderte Hühnerschar. Meiner Ansicht nach sprechen aber zwei Dinge gegen diese Erklärung:

1. Wieder in die Wildnis entlassene Haushühner gackern nicht mehr nach dem Eierlegen, sondern suchen rasch und leise wieder den Anschluß an die Gruppe, da sonst Feinde angelockt würden.

2. Haushühner gackern lautstark nach dem Eierlegen, inmitten einer ganzen Schar von Hühnern, die keinesfalls weitergewandert sind, sondern sich interessiert in der Nähe der Legenester herumtreiben. Der Anschluß an die Gruppe ist also gar nicht verlorengegangen. Die typische Haltung nach dem Geschäft des Eierlegens ist stolzes Staksen mit hocherhobenem Kopf, begleitet von lauten, selbstbewußten Gackerlauten. Vielleicht drückt sich doch, durch die im Vergleich zu wildlebenden Hühnern angstfreie Situation des Haushuhns bedingt, eine gewisse Befriedigung und auch Erleichterung nach der Mühe des Legens aus, die die deutliche Unruhe vor dem Legen ablöst.

Wildhühner sind der Belastung des Eierlegens übrigens viel seltener ausgesetzt, sie legen im Durchschnitt 8–12 Eier pro Jahr. Die Leistungshybriden moderner Legefabriken legen durchschnittlich 300 Eier pro Jahr. Das Gackern vor dem Legen bedeutet in der Wildnis für den Hahn, daß er für die Henne nach einem geeigneten Nest Ausschau hält, das allerdings nicht besonders mit Füllmaterial ausgepolstert wird, sondern eine möglicherweise schon vorhandene Bodenmulde wird von der Henne nur durch Scharren weiter vertieft. Auch der Haushahn lockt noch durch spezielle Rufe Junghennen in ein von ihm besetztes Nest, das er verläßt, sobald die Henne sich nähert.

Die hier aufgeführten Lautäußerungen sind aber nur ein kleiner Überblick über die wichtigsten bereits erforschten stimmlichen Verständigungsformen und Gefühlsäußerungen der Hühner, wobei interessant ist, daß der Lautschatz der Haushühner den der Wildhühner bei weitem übertrifft.

Neben all diesen aufregenden Erlebnissen finden Hühner aber auch Zeit für beschaulichere Dinge. Nach dem morgendlichen Hoch der Aktivität kurz vor Sonnenaufgang zwischen 5 und 7 Uhr, in das Futteraufnahme und Eierlegen fallen, folgt eine Phase des sogenannten Komfortverhaltens, in der die Hühner ihr Gefieder putzen und über Mittag im Staubbad oder an kühlen Plätzen dösen. Beim Gefiederputz ist absolute Ungestörtheit wichtig, da nur dann, im Gefühl der Sicherheit, schwer erreichbare Körperstellen mit dem Schnabel geputzt werden. Das Staubbaden in einer Sandkuhle oder einfach nur einer Bodenmulde ist besonders beliebt. Dabei drücken sich die Tiere auf dem Bauch liegend in den Staub und rütteln mit Körper- und Flügelbewegungen Staub, Erde oder Sand über ihr Gefieder. Genüßlich liegen sie dann mit nach hinten weggespreiztem Flügel entspannt in der Kuhle. Bei Haushühnern kann eine Zugabe von Holzasche in einer Sandkiste so vor Ungezieferbefall schützen. Nach beendetem Staubbad schüttelt das Tier sein gepudertes Gefieder gründlich durch und kümmert sich wieder um die Futtersuche. Am Nachmittag, gegen 17 Uhr, beginnt das zweite Aktivitätshoch, in dem auch die geschlechtliche Aktivität des Hahnes besonders groß ist. Die Zeit bis kurz vor Sonnenuntergang dient gesteigerter Futtersuche, um den Kropf für die Nacht zu füllen, und in der Wildnis kommt noch die Suche nach einem geeigneten Schlafplatz hinzu.

Nur in der vertrauten Gruppe und der Einschätzung eines Platzes als feindsicherer Schlafgelegenheit verfällt das Huhn in Schlaf. Wild- und Haushühnern ist es in einer fremden und bedrohlich erscheinenden Situation nicht möglich, zu schlafen. Zum Schlafen setzen sich die Haushühner auf den Sitzstangen im Stall zurecht, wobei nur ein geringer Abstand zum nächsten Tier eingehalten wird, ohne Beachtung der Rangfolge – vorausgesetzt, die Stangen sind gleich hoch angebracht, sonst wird das ranghöchste Tier auch auf der höchsten Stange sitzen wollen. Bei verschieden hoch angebrachten Sitzstangen kommt es darum am Abend immer wieder zu Ärger, weil rangniedere Hühner schon vorher in den Stall gelaufen sind, um auf den begehrten höheren Stangen zu sitzen, von denen sie natürlich wenig später wieder vertrieben werden; darum also Sitzstangen in gleicher Höhe anbringen. Mit der Zeit eignen sich viele der Tiere einen Stammplatz an, und nachdem sich alle, auch der Hahn, eingefunden haben, beginnt meist ein leises Singen, die Hälse werden kürzer, und die Augenlider öffnen und schließen sich noch ein paarmal. Dann stecken die Tiere mit geschlossenen Lidern endgültig den Kopf unter einen Flügel und schlafen. Ungewohnte Geräusche lassen die Hühner sofort hochschrecken. Doch meist beruhigt sie die dunkle Umgebung rasch wieder, in der sie fast völlig sehuntüchtig sind.

Die Rangordnung in einer Hühnergruppe wird durch die Hackordnung genau festgelegt. Schon im Alter von 2–3 Wochen hacken Küken nach jüngeren, später sind spielerische Kraftproben untereinander an der Tagesordnung. In der Pubertät (bei Hennen 10.–12. Woche, bei Hähnen 12.–16. Woche) kommt es zu ernsthaften und blutigen Kämpfen, aber von der errungenen Machtposition, dem Hackrecht, wird erst bei voller Geschlechtsreife (ca. 26. Woche) Gebrauch gemacht. In einer Gruppe fechten die Hennen untereinander die Rangfolge aus, indem sie der Gegnerin mit dem Schnabel gezielt auf Nacken, Kopf, Kamm und Gesicht hacken, teilweise flattern sie dabei hoch, um die verletzlichen Teile der Gegnerin besser zu erreichen. Wie hart der Kampf wird, hängt von mehreren Dingen ab: Je nachdem, ob das Äußere des Gegenübers als bedrohlich eingeschätzt wird (gestraffte, stolze Haltung, großer, roter Kamm, überwölbte Augen, faltige Wangen), hängt es vom Temperament und Selbstvertrauen eines Huhnes ab, ob es den Kampf aufnimmt oder nicht. Im ersten Falle wird gehackt, im zweiten gibt das sich für unterlegen haltende Tier durch Demutshaltung (wegsehen, eingeknickte Beine, gesenkter Kopf, Abstandhalten) zu erkennen, daß es sich dem anderen unterordnet.

Je größer, also männlicher, der Kamm einer Henne, um so gefürchteter ist sie. Wird der Kamm auch nur geringfügig verändert, dann ist sie für die anderen zum Fremdling geworden und wird angegriffen. Hennen mit kleinen Kämmen wirken auf ihre Artgenossinnen »harmlos« und werden in untere Positionen gedrängt. Die beiden kämpferischsten Hennen, so zwei in der Gruppe vorhanden sind, werden sich den härtesten

Kampf um die erste Postion in der Hackordnung liefern, und zwar so lange, bis ein Tier unterliegt. Ist kein Hahn in der Gruppe, wird die Henne in oberster Position auch die Funktion des Hahnes übernehmen. Sie sucht ebenfalls Futter für die Gruppe, beginnt sogar zu krähen (was übrigens bei älteren Hennen öfter vorkommt, da sie mit der Zeit weniger weibliche Hormone produzieren) und versucht sogar, andere Hennen zu dekken. Die Rangordnung ist nach beendeten Kämpfen fast endgültig festgelegt. Junghennen, die vorher noch keine Position in der Hackordnung eingenommen hatten, brauchen für die Festlegung mehrere Tage, während ältere Tiere die Rangordnung in einer neuen Gruppe oft schon nach wenigen Stunden festgelegt haben. Die ranghöchste Henne darf nun die anderen nach Belieben »schikanieren«, sie hat überall alle Rechte, wovon aber nicht immer Gebrauch gemacht wird. Im allgemeinen genügen bei geklärter Rangordnung Andeutungen, um bei den anderen die gewünschte Reaktion zu erzielen. Erst wenn ein Tier stark erkrankt, eine Glucke sich von der Gruppe absondert, ein oder mehrere Tiere weggenommen werden oder neu zu der Gruppe hinzukommen, beginnt alles wieder von vorn. Dabei werden Tiere mit hoher Position, die eine Schwäche gezeigt haben, am stärksten, oft gerade von den bisher rangniederen Tieren, angegriffen. Sind neu hinzugekommene Tiere von einer anderen Farbe, zählen nicht mehr Kammgröße oder ähnliches, sondern allein die auffällige Andersartigkeit des Gefieders. Gewinnt eines dieser Tiere im ersten Kampf eine bedeutende Position, wird die Machtposition auch auf die anderen dieser Rasse übertragen, so daß dann eine Rasse die andere beherrscht. Je älter die Hennen sind, um so forscher ist ihr Verhalten. Wird also eine Henne, die vorher in einer Gruppe eine hohe Position hatte, in eine neue Gruppe gesetzt, dann tritt sie trotz der neuen Situation besonders mutig auf und wird darum auch wieder in eine höhere Position gelangen. Umgekehrt sind rangniedere Tiere in neuen Gruppen besonders schüchtern und gelangen so unter Umständen in eine noch tiefere Position, obwohl ihre körperlichen Voraussetzungen viel besser sein können, als es dieser Position entspricht. Treten Streitigkeiten bei den Rangniederen durch Gruppenänderung auf, greift die Ranghöchste in die Streitigkeiten aktiv ein. Dadurch unterscheidet sie sich vom Hahn, der in solchen Fällen durch seine bloße Anwesenheit schlichtend wirkt. Der Hahn wird immer die ranghöchste Position innehaben. Ausnahmen sind Hähne, die schon als Jungtiere in einer Herde ohne Hahn aufwuchsen. Sie sind durch das aggressive Verhalten der Hennen lange Zeit so eingeschüchtert, daß es zu keinem Tretakt kommt. Oft wird sich die Henne dann zur Wehr setzen, unterliegt aber körperlich im Kampf, und von da an wird der Hahn seine Position ausbauen können. Ähnlich ist es bei Junghähnen, die in einer Gruppe mit Hahn aufwuchsen. Auch hier werden sie so stark, diesmal vom Hahn, angegriffen, daß sie niemals eine Henne begatten können, weil immer der ranghöhere Hahn dazwischengeht.

Auch wenn er körperlich längst dem jüngeren unterliegen würde, wird die tägliche Erfahrung des Schwächerseins den jüngeren nie zu einem Angriff veranlassen.
Ist wegen der Größe einer Gruppe oder wegen des Alters eines Hahnes die Eierbefruchtung nicht mehr gewährleistet, sollte nicht einfach ein neuer Hahn hinzugesetzt werden. Verliert der alte Hahn nämlich seine bisherige Vormachtstellung, wird ihn das regelrecht psychisch zerstören, und er siecht nur noch jämmerlich dahin. Unterliegt aber der Neuling, wird dieser auch nie die Hühner treten dürfen, dafür wird der Althahn sorgen und so selbst keine Zeit mehr zum Eierbefruchten haben. Am besten sollte entweder das Alttier geschlachtet werden, oder zwei neue, ausgewachsene Hähne kommen in die Gruppe. Dann bilden sich drei Stämme. Zwei Hähne kämpfen miteinander, aber einen Dreikampf gibt es nicht.
In der Mauser, also der Zeit des Federwechsels im Herbst, verliert der Hahn sein Machtinteresse und pickt sogar die anderen Hühner vom Futter weg. In dieser Zeit vertragen sich auch Hähne untereinander. Die ranghöchste Henne benimmt sich allerdings in der Mauser genauso despotisch wie immer.
Durch Rangordnungskämpfe wird die Legeleistung in einer Gruppe immer stark leiden. Erst wenn jedes Tier weiß, welche Stellung es innerhalb der Gemeinschaft hat und sich so geborgen in einer Gruppe fühlt, beginnt wieder die normale Legeleistung. Bei der Zusammenstellung einer Hühnergruppe muß bedacht werden, daß sie möglichst nicht mehr als 30 Tiere umfassen sollte, die sich durch die Rangordnungskämpfe »persönlich« untereinander kennen. Da das Erinnerungsvermögen einzelner Tiere innerhalb einer Gruppe sehr unterschiedlich ist, sollte eine Glucke möglichst immer im Sichtkontakt – nur durch einen Zaun getrennt – zu ihrer Gruppe stehen. Zwar sondern sich Glucken gerne ab und versuchen, sich durch allerhand wenig wirksames Imponiergehabe Respekt zu verschaffen, aber diese Absonderung von der Gruppe wird von den übrigen Hennen nicht gern gesehen. Gerät die Glucke dann nämlich in eine Situation, in der sie ihre Position in der Hackordnung verteidigen müßte, dazu aber als Glucke nicht in der Lage ist, dann wird die erkannte Schwäche dieser Glucke mitleidlos ausgenutzt, indem alle auf sie einhacken. Wird die Glucke aber von den anderen getrennt, ohne Sichtkontakt zur Gruppe, gibt es erhebliche Probleme bei der Wiedereingliederung. Die meisten Tiere haben dann nämlich vergessen, welche Rangstufe diese Henne in der Hackordnung eingenommen hatte, bzw. die Hackordnung hat sich durch das Fehlen dieser Henne geändert. Ist die Glucke aber nur durch einen Drahtzaun vom Rest der Gruppe getrennt, dann wird sie auch nicht vergessen.
Junghühner, die als Küken mit einer Glucke aufgewachsen sind, haben es übrigens leichter als gluckenlos aufgewachsene Küken, sich in eine Gruppe einzugliedern. Auch konnten durch Zucht wenig hackfreudige Rassen geschaffen werden, die schnell zu einer Rangordnung finden. Neben den typi-

schen Kampfrassen sind z.B. Italienerhühner und New Hampshire besonders aggressiv, während Australorps als sehr friedfertig gelten.
Wildhühner leben in unterschiedlich großen Gruppen von ca. 16–40 Hähnen und Hühnern, wobei teils auf einen Hahn mehrere, oft aber auch nur eine oder zwei Hennen kommen. Überzählige Hähne bilden separate Gruppen auf Niemandsland zwischen den benachbarten Herden.
Zur Balzzeit im April und Oktober nähert sich der Hahn einer Henne und baut sich hochaufgerichtet mit gesträubter Halskrause vor ihr auf, umtanzt sie dann, indem er den ihr abgewandten Flügel nach unten abspreizt, und trippelt um sie herum, was als »Stolpern-über-einen-Flügel« bezeichnet wird. Oder er jagt der Henne mit nach unten gespreizten Flügeln und gefächertem Schwanz hinterher, so daß sich die derart eingeschüchterte Henne hinduckt und treten läßt. Ranghohe Hennen entziehen sich häufig dem Tretakt, indem sie mehr oder weniger laut schreiend flüchten, während rangniedere sich bereitwillig hinducken. Oft lockt der Hahn auch vor dem Balzen mit Futter, sozusagen als »Werben aus der Ferne«. Häufig genügt es bei einem rangniederen Huhn schon, wenn der Hahn neben ihr »aufbaumt«, also in Imponierhaltung mit gesträubter Halskrause neben sie tritt, damit die Henne sich zum Tretakt hinduckt. Die Häufigkeit des Tretaktes nimmt übrigens zu, je größer der Auslauf und je kleiner die Gruppenstärke ist. Bei Haushühnern ist das Balzzeremoniell nicht mehr so festgelegt.
Beim Tretakt springt der Hahn auf die Schultern der hingekauerten Henne, pickt schon vor dem Aufspringen mit dem Schnabel nach ihrem Nacken, wo er sich festbeißt, während die Henne den Kopf senkt und das Schwanzgefieder mit dem Bürzel aufrichtet, so daß der Hahn seine Kloakenöffnung auf die der Henne drücken kann, in die nun das Sperma eindringt. Allerdings muß beim Haushahn bei weitem nicht jeder Tretakt mit Spermaausscheidung verbunden sein. Die Kloake ist beim Huhn die gemeinsame Öffnung für Darm und Eileiter bei der Henne bzw. Samenleiter beim Hahn. Die an den Tretakt anschließende »Huldigung«, in der der Wildhahn noch einmal sehr ausführlich balzt, ist beim Haushahn nur noch sehr abgeschwächt vorhanden.
Nach der Balzzeit verliert der Wildhahn seine sexuelle Aktivität und geht in eine Teilmauser, d.h., er wechselt seine prachtvollen Federn gegen sein »Schlichtkleid«. Auch sein Verhalten ist jetzt nicht mehr selbstbewußt, sondern eher scheu.

Zwei bis drei Tage nach dem Tretakt kann das erste befruchtete Ei gelegt werden. Die Befruchtung hält etwa vier Tage vor. Haushühner beginnen jetzt schon zu »grakeln«, Wildhühner erst kurz vor der Eiablage, worauf der Wildhahn ein geeignetes Nest, also eine geschützte Mulde, sucht, in der es sich die Henne durch Hin-und-her-Rutschen bequem macht, ohne sich weiter um Nistmaterial zu kümmern. Hier legt sie ihre sechs bis acht Eier, was pro Ei etwa zwei Stunden dauern kann. Die Eier werden im zeitli-

chen Abstand von 30 Stunden gelegt. In der Zwischenzeit schließt sich die Henne wieder unauffällig ihrer Herde an, die im Umkreis von 30–50 Metern zu finden ist. Beim Haushuhn sucht der Hahn für die legebereite Henne ebenfalls ein Nest, zu dem er sie hinlockt. Die Eiablage verläuft genau wie beim Wildhuhn, nur daß die Haushennen-Eierlegeserie von fünf bis sieben Eiern je nach Rasse mehr oder weniger häufig pro Jahr wiederholt wird, während die Wildhenne sich mit maximal zwei kleinen Serien von insgesamt acht bis zwölf Eiern pro Jahr, nämlich meist im Mai und Oktober, zufriedengibt.
Das Wildhuhn setzt sich nach der beendeten Eiablage zum Brüten auf das Nest, während dieser Trieb bei der Haushenne durch gezielte Zucht häufig fehlt. Viele Züchter ziehen es vor, große Mengen Eier im Brutschrank zu erbrüten, statt eine Henne auf 12–15 Eiern sitzen zu lassen, da sie in dieser Zeit der Brut und Aufzucht ja auch nicht legt. Die modernen Hybridsorten sind wegen des »uneffektiven« Legeausfalls während dieser Zeit ebenfalls fast völlig vom Bruttrieb »befreit«. Bei natürlicher Auslaufhaltung werden aber auch einige von ihnen immer mal wieder brütig, nur sollten deren Eier nicht zur Brut verwendet werden, da sie aus mehreren Kreuzungen in komplizierten Auswahlverfahren so selektiert wurden, daß ihre Hochleistung nur für diese Generation gilt, während die nächste Generation oft schwächlich ausfällt.
Eine Haushenne wird wie die Wildhenne etwa ein- bis zweimal pro Jahr brütig. Während dieser Zeit verändert sich ihr ganzes Wesen. Einige Tage, bevor sie sich endgültig festsetzt, läßt sie rollende Glucklaute hören, bleibt lange auf einem möglichst vollen Legenest sitzen und pickt nach der Hand, wenn man sie wegheben will. Dabei sträubt sie die Halsfedern und droht mit schnellem Kollern in der Stimme. Wenn sie festsitzt, verändert sich bei Wild- und Haushuhn der Stoffwechsel ganz erheblich, während die Körpertemperatur gleich bleibt. Sie verläßt nur noch einmal pro Tag, meist gegen Mittag, das Nest. In dieser Zeit halten Feinde in der Wildnis Siesta, und im Hühnerhof herrscht ebenfalls gedämpfte Stimmung. So kann sie einigermaßen unbehelligt fressen, trinken und koten. Etwa 40 g Körner nimmt sie dann nur zu sich, eine Menge, mit der sie normalerweise bei weitem nicht auskäme. Auch kotet ein Huhn pro Stunde sonst ca. sechsmal, jetzt nur noch einmal am Tag. Ein Staubbad wird auch noch genommen, und dann schleicht sich die Wildhuhnhenne auf möglichst verschlungenen Pfaden, nicht geradlinig, wieder zum Nest. Trotzdem lebt sie in dieser Zeit sehr gefährlich, da ihr ständig Raubwild auflauert. Dabei verstehen sich ältere Hennen besser zu schützen als die noch unerfahrenen Junghennen.
Das Wachstum des Embryos beginnt schon im befruchteten Ei im Eileiter des Huhns, kommt aber nach dem Legen zum Stillstand. Erst durch die Wärmeeinwirkung beim Brüten setzt sich dieser

Oben: Der Traum eines jeden Huhnes ist ein unbegrenzter Auslauf.
Unten: Aufmerksam kümmert sich die Glucke um ihre Küken.

Prozeß fort. Sauerstoff wird über die Schale in die Eihäute transportiert, wo die Blutzirkulation für die Verteilung sorgt. Ab dem 12. Bruttag kann der Embryo Geräusche wahrnehmen. Am 17. Bruttag durchtrennt das Küken die Eimembran und befindet sich dann mit Kopf und Schnabel außerhalb der übrigen Eimasse in der Luftkammer des Eies. Das Küken atmet jetzt über die Lunge, nimmt die Glucklaute der Mutter wahr und prägt sie sich ein. Kurz vor dem Schlüpfen beantwortet es sie durch lautes Piepen. Auch untereinander haben die Küken durch die gegenseitige Geräuschwahrnehmung Kontakt. So kommt es bei nicht zu großen Entwicklungsunterschieden zu einem gleichzeitigen Schlupf. Bis zu zwei Stunden warten dann die bereits schlupfbereiten Küken auf Nachzügler, indem sie das Schlüpfen so lange verzögern. Während des Schlüpfens hilft die Glucke nie, sondern bleibt ruhig abwartend auf den Eiern sitzen. Mit dem Eizahn auf dem Schnabel zersägen die Küken die Schalen, und gegen Ende des 21. Tages sind meist alle Küken geschlüpft. Nur bei sehr unterschiedlich alten Eiern schlüpfen noch weitere Küken.

Die Küken haben den Vorrat des Dottersacks über die Nabelschnur aufgenommen und brauchen nun mindestens 24 Stunden keine Nahrung aufzunehmen. Das ist auch gut so, denn Wildhuhn- wie Haushuhnküken müssen nun erst einmal ihre Umgebung kennenlernen und picken alles an, was ihr Interesse weckt. Es beginnt die beim Hühnerküken recht kurze Zeit der »Prägung«. Sie beträgt ca. 36 Stunden und hat ihren Höhepunkt in der 13. bis 16. Stunde. Daraus erklärt sich auch, warum die Küken **nicht** von der Mutter fortgenommen werden sollen, bis alle Küken geschlüpft sind. Was sie jetzt nicht lernen, kann nicht mehr nachgeholt werden. Während der Prägung befinden sich die Küken in einer sensiblen Periode, die sich hauptsächlich durch Angstfreiheit auszeichnet. Ein typisches Verhaltensmuster ist die Nachfolgereaktion gegenüber der Glucke. Anfangs reagieren Hühnerküken auch auf Ersatzglucken, z.B. einen Pappkarton, aus dem ein Lockruf ertönt. Aber gerade bei Hühnerküken sind die Signalreize der eigenen Artgenossen so stark, daß sich die arteigenen Verhaltensmuster immer durchsetzen. Sie ziehen es dann nach kurzer Zeit vor, den Artgenossen statt der Kunstglucke zu folgen. Je mehr die Prägungsphase zu Ende geht, um so ängstlicher wird das Verhalten der Küken.

Nach etwa drei Tagen sind sie mit ihren Gefährten vertraut und können schon recht gut Freßbares einschätzen, zumal sich die Glucke aufopfernd um sie kümmert. Sie sucht Futter für die Jungen, lockt mit ihren typischen Glucklauten, wie sie auch die Wildhuhnglucke gebraucht, und pickt dann das Futter auf, läßt es wieder fallen usw., bis die Küken selbst danach picken. Weichfutter fres-

Oben: Vor allem an sonnigen Tagen suchen die Hühner gerne ein Sandbad auf.
Unten: Ideal für die Haltung kleinerer Zuchtstämme bestimmter Rassen ist ein solches versetzbares, gegen Greifvögel geschütztes Gehege.

sen sie der Glucke von der Schnabelseite ab. Auch das Schnabel- und Füßescharren, um Futter aus dem Boden zu holen, Futterzerhacken mit dem Schnabel, Schnabelwetzen am Boden und Kopfschütteln, um damit klebrige Futterreste am Schnabel wegzuschleudern, all das wird jetzt eifrig von der Glucke gelernt. Leider kommt es dabei manchmal vor, daß ein Küken von den temperamentvollen und weit ausholenden Scharrbewegungen der Glucke zur Seite geschleudert und getötet wird. Die Wildhuhnglucke ist eifriger mit Futterlocken beschäftigt, wenn sie ihre Küken auch sieht. Bei der Haushuhnglucke genügen schon die Pieptöne, während allein der Anblick nicht piepsender Küken keine Reaktion bei ihr auslöst.

Küken und Glucke kennen sich, wobei behauptet wird, die Küken würden ihre Mutter besser kennen als umgekehrt. Jedoch habe ich da schon gegenteilige Erfahrungen gesammelt. Wie dem auch sei, Verwechslungen kommen besonders aufgrund der stimmlichen Erkennung selten vor und werden sehr schnell aufgeklärt. Fremde Küken werden von der Glucke sofort weggehackt, die Wildhuhnglucke hackt sie ohne Zögern tot. Dabei ist zu bedenken, daß in den wenigsten Fällen eine Haushuhnglucke ihre eigenen Eier ausbrütet, aber die Kontaktaufnahme im Ei und in den ersten Stunden nach dem Schlupf sind entscheidend.

In den ersten Tagen ist der Lebensraum der Glucke und ihrer Küken nicht größer als ein paar Quadratmeter. Nach zehn bis zwölf Tagen stromern die Küken schon im weiteren Umkreis umher und laufen bei Gefahr sofort wieder zur Glucke. Auch die Orientierung verbessert sich, so daß sie beginnen, die Lage des Stalles im Gedächtnis zu behalten. Mit 14 Tagen führen die Küken anscheinend die Glucke in der Gegend umher und nicht mehr umgekehrt. Mit fünf Wochen sind sie ausreichend befiedert, so daß sie auch nachts nicht mehr nahe bei der Glucke schlafen. Etwa nach der achten Woche beginnt die Glucke, besonders nach den Hähnchen zu hacken, und löst die letzten Bindungen. Ihr Hormonhaushalt stellt jetzt wieder auf Legebeginn um, und die Mutterinstinkte verschwinden.

Die Junghühner müssen sich nun endgültig in die Gemeinschaft der Erwachsenen einfügen, was nicht ohne die erwähnten Rangordnungskämpfe abgeht. Dabei kann man aber feststellen, daß von einer Glucke aufgezogene Junghühner weniger Schwierigkeiten mit der Einordnung haben, da sie durch die Glucke bereits an Autorität gewöhnt sind. Junghühner ohne Gluckenbetreuung reagieren sehr viel aggressiver. Wildhuhnküken haben eine sehr bescheidene Überlebensrate. Von 100 Küken erlebt etwa ein Viertel ein Alter von 8 bis 10 Wochen, und von diesen überstehen wiederum nur ein Viertel, also etwa sechs Tiere, das erste Jahr.

Das Lebensalter von Haushühnern beträgt 20 bis 30 Jahre. In Ausnahmefällen werden noch bis ins 12. Lebensjahr ein paar Eier gelegt, im allgemeinen geht die Legetätigkeit aber bis zum dritten Lebensjahr erheblich zurück, die Gesundheit läßt zu wünschen übrig, die Mauser wird zur starken Belastung für die Tiere,

und mit zunehmendem Alter werden sie auch zänkischer. Soll ein Huhn noch in den Suppentopf wandern, ist zu raten, es nicht älter als drei Jahre werden zu lassen, da es sonst nur noch sehr eingeschränkt genießbar ist.
Zusammenfassend kann man sagen, daß die Domestikation des Huhnes zu einer Abnahme der Furcht geführt hat. Bessere Futterbedingungen, weniger Streß (bei artgerechter Haltungsform!) und Zuchtauswahl führten zu mehr Fleischansatz (schwere Rassen), enormer Legetätigkeit, Abnahme von Instinkt- und Ritualhandlungen zugunsten verlangsamter, aber erhöhter Lernfähigkeit sowie zum Ausbau des sozialen Verhaltens mit der Ausweitung der Verständigung durch stimmliche Laute. Dieser Entwicklung der Lernfähigkeit und seinem Anpassungsvermögen an unterschiedliche Lebens- und Klimabedingungen – ganz abgesehen von der Wirtschaftlichkeit – verdankt das Haushuhn seine breite Beliebtheit.

Rassen

Es gibt verwirrend viele Rassen, und die Auswahl wird anfangs schwerfallen. Zuerst muß man sich darüber klarwerden, zu welchem Zweck die Hühner gehalten werden sollen. Will man
- viele Eier
- viel Fleisch
- brütende oder nichtbrütende Hennen
- lebhafte, flugtaugliche Tiere
- ruhige, flugträge Tiere
- Ziergeflügel

und ist der Auslauf groß oder klein?

Auf fünf verschiedene Hauptgruppen von Hühnerrassen soll hier näher eingegangen werden:
- Mittelmeertyp
- nordwesteuropäischer Typ
- asiatischer Typ
- Zwergrassen
- Hybridzüchtungen

Zu den Mittelmeertypen gehören u.a. Italiener, Leghorn, Kastilianer und Minorka, typische Vertreter des nordwesteuropäischen Typs sind Bergische Kräher, Brakel, Friesenhühner, Rheinländer, Deutsche Sperber und Appenzeller Barthühner. Asiatische Typen sind u.a. Amrocks, Australorps, Cochin, Barnevelder, Langschan, New Hampshire, Orpington, Plymouth Rocks, Sussex und Wyandotten. Bei den Zwerghühnern wird zwischen verzwergten Rassen (z.B. Zwerg-Welsumer) und eigenständigen kleinen Rassen (z.B. Seidenhuhn) unterschieden.
Diese Aufzählung ist, wie gesagt, nur eine Auswahl aus den heute existierenden Rassen. Eine vollständige Übersicht bietet z.B. »Der große Geflügelstandard« Band 1 + 2. Rassehühner sind nur über die Züchter zu erhalten. Wer Hühner auf dem Markt, bei fahrenden Händlern oder von Geflügelvermehrungsbetrieben kauft, wird fast immer »Hybridsorten« bekommen. Dabei handelt es sich um Rassen (vorwiegend Leghorn), die durch aufwendige Kreuzungen in einer Generation Hochleistungen erbringen können, deren Nachkommen aber meist ins Gegenteil umschlagen. Die Leistungshybriden werden darum immer nur für eine Generation, nicht für die Fortpflanzung, aus diesen Kreuzungen

Hühner

Rasse	Typ	Wesen	Gefieder/Farbe	Eier im 1. Jahr ca.
Italiener	leicht	sehr lebhaft bis aggressiv, gute Winterleger	19 Farbschläge, meist rebhuhnartig	200, weiß, 56 g
Leghorn	leicht	sehr lebhaft bis aggressiv	reinweiß	240–260 weiß 55 g
Australorps	mittelschwer	sehr friedlich	glänzend schwarz, dabei grün schillernd	230 hellbraun 58 g
New Hampshire	mittelschwer	schwankt, ruhig bis aggressiv	weiß u. goldbraun	200 braun 55 g
Wyandotten	mittelschwer	ruhig	17 Farbschläge, viel Flaum	180 hell-dunkelbraun, 58–65 g
Brahma	schwer	lebhaft	4 Farbschläge, befiederte Läufe	140 gelb-rötlich 53 g
Cochin	schwer	ruhig	7 Farbschläge, sehr dicht befiedert, befiederte Läufe	120 braungelb 53 g
Orpington	schwer	ruhig, gute Winterleger	11 Farbschläge, sehr dicht befiedert	130–160 gelb 55 g
Bantam	Zwerg	sehr lebhaft bis aggressiv	11 Farbschläge	sehr gering, weiß, 25 g
Seidenhuhn	Zwerg	zutraulich	4 Farbschläge, daunenartige Federn	120 braun 35 g
Zwerg-Welsumer	Zwerg	lebhaft, friedlich	rebhuhnartig u. orange	180 dkl.-braun-rötl. 45–55 g

Hühner

Rasse	Gewicht/kg Hahn/Henne	Klima-ansprüche	Auslauf/Zaun	Bruttauglich-keit
Italiener	2–3 1,75–2,5	keine	groß sehr hoch	nein
Leghorn	2–2,5 1,7–2,0	keine	mittel mittel	nein
Australorps	3–4 2,5–3,0	robust	mittel mittel	sehr gut
New Hamp-shire	3–4 2–3	robust	klein mittel	mäßig
Wyandotten	bis 3,5 bis 3	robust	klein/Nicht-flieger, tiefe Sitzstange u. tiefe Legenester	mäßig bis gut
Brahma	3,5–5 3–4,5	robust	klein klein	mäßig bis gut
Cochin	5–6 3,5–4,5	robust	klein klein	sehr gut
Orpington	4–5 3–4	robust	klein klein	gut bis sehr gut
Bantam	0,6 0,5	keine	klein mittelhoch	gut
Seidenhuhn	1,2 1,0	keine	klein, Nicht-flieger, tiefe Sitz-stangen u. tiefe Legenester!	sehr gut
Zwerg-Welsumer	bis 1,0 bis 0,9	robust	mittel mittel bis hoch	mäßig bis gut

selektiert und z.B. an Hühnerfarmen verkauft, wo man sie nach 2 Jahren absoluter Hochleistung wieder gegen neue austauscht. Ebenso wird bei der Geflügelmast verfahren, bei der zur Erzeugung von Brathähnchen und Poularden männliche und weibliche Jungtiere innerhalb von sieben bis acht Wochen, also lange vor der Geschlechtsreife, schlachtreif gemästet werden.
Die Tabelle S. 22/23 gibt einen Überblick über Eigenschaften verschiedener Rassen, wobei immer bedacht werden muß, daß auch bei Rassehühnern nicht ein Huhn wie das andere ist (auch da gibt es erfreulicherweise noch Individualisten!) und daß die Haltungsbedingungen erheblichen Einfluß auf die Entwicklung haben.
Es gibt also ausgesprochene Eierleger mit wenig Fleischansatz, Zweinutzungstypen mit guter durchschnittlicher Legeleistung und gutem Fleischansatz, aber auch typische Fleischrassen. Ganz beachtlich ist dabei die Wirtschaftlichkeit der Zwerg-Welsumer, die einen Großteil ihres relativ geringen Futterbedarfs im Auslauf suchen und sogar die Insekten im Sprung fangen! Schwere Rassen neigen dagegen dazu, etwas lauffaul zu sein, und lassen sich ihr Futter gern vor den Schnabel tragen.

Der Kauf

Was soll man kaufen – Küken, Junghennen, Glucke mit Eiern, Glucke mit Küken? Um sich ein paar Brathähnchen oder Poularden heranzuziehen, kann es sinnvoll sein, sie im Frühjahr (April/Mai) auf dem Markt oder in einem Geflügelzuchtbetrieb als Eintagsküken zu kaufen. Treten Kümmerwuchs oder Krankheiten auf, die nicht durch die Haltung bedingt sind, ist es aber schwer, eine Reklamation anzubringen, wenn man auf dem Markt gekauft hat. Meist haben zu diesem Zeitpunkt die Händler keinen Marktstand mehr und sind nicht zu finden. Geflügelzuchtbetriebe aber geben oft sogar eine Garantie ab, daß die Jungtiere gegen bestimmte Seuchen »geimpft« sind (sie erhalten Tropfen in die Augen).
Trotzdem soll neu gekauftes Geflügel immer erst einmal 14 Tage in Quarantäne, also separat von anderem Geflügel, gehalten werden, damit eine evtl. eingeschleppte Krankheit nicht auf die anderen Tiere übertragen wird.
Poulardenküken, also Küken beiderlei Geschlechts einer Fleischrasse, die bei artgerechter Haltung etwa 10–12 Wochen bis zur Schlachtreife benötigen, kosten 1,20 bis 3,– DM, je nach Alter. Wollen Sie aber möglichst schnell zu eigenen Eiern kommen, ist es eventuell sinnvoll, 10 Junghennen und einen kostenlos mitgelieferten Junghahn zu kaufen. Wenn Sie keine Nachzucht wollen oder dazu später Bruteier von einem Züchter für eine Glucke kaufen wollen, können Sie sich für die Hybridhühner entscheiden. Im allgemeinen wird eine von zehn dieser Hennen bei guter Haltung brütig. Preis: etwa 9,– bis 11,– DM, je nachdem, ob die Hennen erst »legereif« sind – dann müssen Sie noch etwa ein bis zwei Wochen auf die ersten Eier warten – oder »frischlegend«, also bereits die ersten kleinen Eier legen. Achten Sie aber dar-

auf, daß die Tiere keinen kupierten Schnabel haben – die Spitzen müssen vorn glatt nach unten abgerundet und leicht spitz zulaufen. Bei Hybridhennen werden oft die Schnäbel für die Käfighaltung gekürzt – verhindert Hacken untereinander, aber auch ganz erheblich die Futter- und Trinkwasseraufnahme!
Rassegeflügelanbieter finden Sie in den Fachzeitschriften. Vor allem auch wieder im Frühjahr ist hier die Auswahl am größten. Die Preise von Rassegeflügel liegen wesentlich höher als für Hybridhühner. Eintagsküken beiderlei Geschlechts kosten etwa 3,– bis 10,– DM, Jungtiere je nach Alter und Seltenheit der Rasse 18,– bis 50,– DM und darüber. Wollen Sie aber eine Glucke mit Bruteiern oder schon geschlüpften Küken kaufen, dann denken Sie bitte daran, daß der Transport per Bahn nicht das reine Vergnügen für eine Glucke ist, die gefälligst Ruhe und Ungestörtheit für ihre wichtige Aufgabe haben möchte. In solchen Fällen sollten Sie unbedingt versuchen, das Tier und seinen Nachwuchs bei einem Züchter in nächster Nähe zu bekommen. Fragen Sie beim örtlichen Kleintierzüchterverein, ob »Ihre« Rasse in der näheren Umgebung zu finden ist. Wenn nicht, dann nehmen Sie eben die Glucke einer anderen Rasse und lassen sich die gewünschten Bruteier zuschicken. Das ist oft auch viel billiger. Eine Rasseglucke liegt im Preis bei 30,– DM und mehr, auch wieder je nach Liebhaberwert, mit 20 Hennenküken oft doppelt soviel; unsortiert können Sie mit einem Drittel Preisersparnis rechnen. Dagegen kosten Bruteier im Schnitt 0,30 DM.
In den Anzeigen werden Sie z.B. lesen »0,6 New Hampshire und 7,2 Seidenhuhnküken«. Das bedeutet sechs weibliche N.H.-Küken und sieben männliche und zwei weibliche Seidenhuhnküken. Die Zahl vor dem Komma betrifft also die männlichen, die Zahl nach dem Komma die weiblichen Tiere.
Der Zeitpunkt für den Gluckenkauf mit Bruteiern sollte nicht vor Mitte April, der einer Glucke mit Küken nicht vor Anfang Mai liegen. Macht das Wetter im Mai dennoch einen Strich durch die Rechnung, muß ein sonniger, trockener Raum für die Glucke und ihre Küken zur Verfügung stehen (Seite 43 ff.).

Es ist gerade für den Anfänger nicht einfach, eine Henne zu beurteilen; es braucht Zeit, bis man einen »Blick« für das Erscheinungsbild eines gesunden Tieres, sein etwaiges Alter und seine Legeeigenschaften hat. Grundsätzlich muß das Gefieder (außer in der Mauser im Herbst) glatt anliegen, glänzen und besonders im Kloakenbereich sauber und flauschig sein. Die Bewegungen sollten auf Anteilnahme an der Umwelt schließen lassen, ebenso die Augen, die leicht hervorstehend glänzen und neugierig auf alles reagieren, was um sie vorgeht. Eine ausgewachsene Legehenne hat einen Zwischenraum zwischen den Beinen, in den man gut drei Finger legen kann. Ein geringerer Abstand läßt darauf schließen, daß die Henne nicht mehr oder – bei Junghennen – noch nicht legt. Der Bauch sollte nie verhärtet sein. Farbe und Form von Kamm und Kehllappen, Beinfarbe, Gesicht und Schnabel sind stark rasseabhängig und können nur dem geübten Betrachter eindeutige Auskünfte geben. Leichte Rassen verraten ihr Alter auch an der Länge des Sporns (hintere Kralle am Fuß). Junghühner bis sechs Monate haben dort nur eine kleine, fingernagelförmige Spitze, die schon bald weiterwächst und mit zwei Jahren über zwei cm lang ist. Ein Hühnerhalter zeigte mir einmal, daß man von der Anzahl der Ringe am Hühnerbein auf die Monate schließen kann. Ob das jedoch für alle Rassen gilt, weiß ich nicht mit Sicherheit zu sagen.

Brut und Aufzucht

Für die Brut ist es entscheidend, die dafür geeigneten Eier auszuwählen. Da Henne nicht gleich Henne ist und nur die Eier der besten Tiere zur Verwendung kommen sollten, beginnt man am besten schon einige Wochen vor der erhofften Brütigkeit mit dem Sammeln der Eier von guten Legehennen. Mit dem Bleistift werden das Legedatum und evtl. der Name oder die Fußringnummer der Henne auf dem Ei notiert. Die Eier werden liegend in einem kühlen Raum (ca. 10–14 °C) mit nicht zu trokkener Luft (ca. 75% Luftfeuchtigkeit) aufbewahrt. Jeden Tag sollen sie einmal um die Hälfte der Längsachse gedreht werden, wozu die Datumsangabe auf dem Ei zur Orientierung dienen kann. Auch die Glucke wird die Eier beim Brüten ca. 8mal täglich mit dem Schnabel wenden, denn so wird verhindert, daß die Eihäute an der Schale festkleben. Bis zu 15 Eier pro Glucke werden in einer Woche gesammelt. Man behält aber immer nur die Eier der letzten, also der jüngsten Woche, während die älteren Eier zum Backen verwendet werden können. Dies wird so lange fortgesetzt, bis eine oder mehrere Hennen brütig geworden sind (Merkmale siehe Seite 15 f.). Nun zur Auswahl der Eier: Junghennen, die im Herbst mit dem Eierlegen beginnen, sind auch im Frühjahr oft noch nicht ausgewachsen. Am besten eignen sich für die Brut aber Eier ausgewachsener, also etwa zweijähriger Hennen. Bei noch älteren Hennen läßt die Bruteiqualität aber bereits wieder nach. Sind nur Junghennen vorhanden, dann verwendet man die ersten Eier einer Legeserie. Die für die Brut geeigneten Eier sollten in der Größe dem Durchschnitt entsprechen, also weder kleine noch übermäßig große – sogenannte Doppeldottereier – kommen in Frage. Wer hofft, mit einem Doppeldotterei eine besondere Chance zu haben, wird enttäuscht werden, denn in diesem Fall kommt es zu keiner Kükenentwicklung.

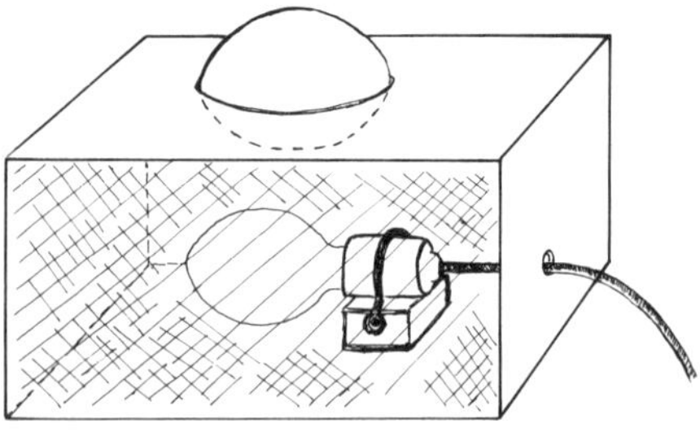

Schierkasten zum Durchleuchten der Bruteier; eine Seitenwand sollte zum Wechseln der Glühbirne aufklappbar sein.

Da die Eioberfläche von einer schützenden Fettschicht umgeben ist, die auch für die normale Lagerung im Haushalt verwendeter Eier nicht durch Abwaschen entfernt werden darf (sonst verderben die Eier zu schnell), kommen nur saubere Eier in Betracht. Abgesehen davon sind verschmutzte Eier ein Zeichen nicht artgerechter Haltung und deuten auf verschmutzte, ungepflegte Legenester oder Durchfallerkrankung der Henne hin.
Die Eier dürfen weder angeknickt noch verschieden stark pigmentiert sein, also z.B. an einem Ende dunkler als am anderen. Dagegen deutet eine rundum besonders dunkle Schale darauf hin, daß es sich um das besonders gehaltvolle erste Ei einer Legeserie handelt. Kalkablagerungen in Form von Rillen oder Sprenkeln verhindern die gleichmäßige Luft-, Feuchtigkeits- und Wärmezufuhr und erschweren außerdem den Schlupf. Großporige Eier sind ebenfalls ungeeignet. Darum also nur Eier mit ganz glatter Oberfläche verwenden. Das Alter der Bruteier sollte bei Brutbeginn nicht mehr als 10–14 Tage betragen, damit die Vitalität des Keimes und die Qualität der Nährstoffe optimal sind.
Auch das Innere muß überprüft werden. Dazu verwendet man am besten einen sogenannten »Schierkasten«, den man sich leicht selber bauen kann (Abb. links). Mit diesem Kasten geht man in einen möglichst dunklen Raum und legt die Eier bei eingeschalteter Schierlampe auf die Öffnung im Kasten. Dunkle Punkte im Ei sind Blutgerinnsel, die zwar die Eiqualität für Nahrungszwecke nicht einschränken, aber als

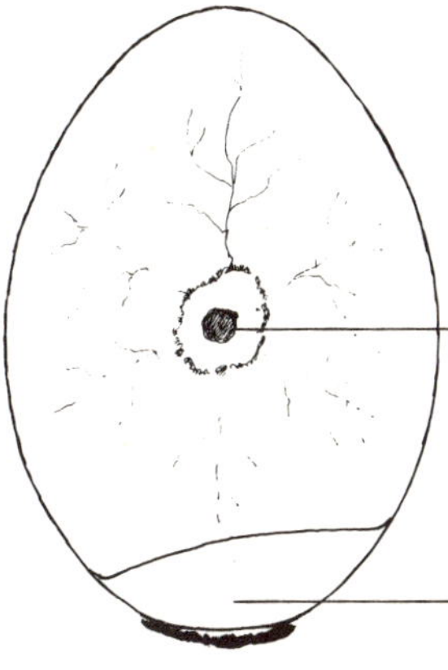

Befruchtetes, 5 Tage bebrütetes Hühnerei unter der Schierlampe.

Bruteier sind diese Eier nicht geeignet. Die Blutgerinnsel entstehen häufig bei frischlegenden Junghennen, mittelschweren Rassen und sehr fleißigen Legerinnen. Ein weiterer Grund können eventuell zu hoch angebrachte Legenester und Sitzstangen sein. Beim Ablösen des Eidotters vom Eierstock platzt leicht einmal ein Äderchen, und das dabei entstehende Blutgerinnsel bleibt am Dotter haften.
Ungleichmäßig dicke Schalen und Haarrisse sind mit Hilfe der Lampe ebenfalls leicht zu erkennen. Diese Eier werden ebenfalls aussortiert. Die Luftblase muß am stumpfen Ende des Eis liegen (Abb. oben).
So, nun sind Ihnen hoffentlich noch genügend brauchbare Eier übriggeblieben, die Henne gluckt seit zwei oder drei Tagen und wandert von einem Legenest zum anderen, um sich einen passenden

Platz auszusuchen. Jetzt tragen Sie die Glucke am Abend in ihren Gluckenstall; sollte sie sich dabei mit heftigem Picken zur Wehr setzen, benutzen Sie am besten Garten- oder Arbeitshandschuhe für den Transport. Die Eier (10–15 Stück) haben Sie ihr vorher schon ins Nest gelegt, das tagsüber im Halbdunkel liegen sollte. Wurden Ihnen die Eier zugeschickt, müssen sie zwei Tage ruhig liegen, bevor mit der Brut begonnen wird. Jedoch das tägliche Wenden um die Längsachse nicht vergessen!

Natürlich muß die Glucke auch zu diesem Zeitpunkt frei von Parasitenbefall sein. In einem regelmäßig gesäuberten Stall genügt zur Vorbeugung ein mit Holzasche vermischtes Sandbad. Tiere, die trotzdem von Parasiten heimgesucht werden, müssen mit einem vom Tierarzt erhältlichen Insektenpulver behandelt werden. Durch die feuchte Wärme der Glucke beim Brüten können aber nicht unbedenkliche Inhaltsstoffe des Pulvers durch die poröse Schale der Bruteier gelangen. Darum sollten die Hennen schon vor ihrer zu erwartenden Brütigkeit daraufhin untersucht und evtl. behandelt werden. Werden mehrere Hennen gleichzeitig oder nacheinander brütig, können sie zusammen im Gluckenstall untergebracht werden. Die Glucken sollen auf keinen Fall bei den anderen Hennen bleiben, da sie zum Brüten ungestört sein müssen. Im Hühnerstall wird die Glucke entweder von den anderen gestört, ist im Auslauf behindert oder setzt sich nach Belieben in ein anderes Legenest, wenn ihres gerade von einer anderen Henne besucht wurde, während sie auf Futtersuche war. Einmal pro Tag verläßt die Glucke das Nest, um zu fressen, zu koten und um ein Staubbad zu nehmen. In dieser Zeit kühlen die Eier ab, was wichtig für deren Entwicklung ist. Vorteilhaft ist es, wenn den Glucken ein kleiner, separater Auslauf mit Sichtkontakt zu den anderen Hühnern zur Verfügung steht.

Etwas entfernt vom Nest steht die Kiste zum Sandbaden, ein Behälter mit Körnerfutter, eine Hühnertränke, eine Schüssel mit Sand und kleinen Steinchen. Zusätzlich können Gemüseabfälle, jedoch kein Weichfutter, angeboten werden. Auf den Stallboden werden unbehandelte Sägespäne oder Sand gestreut.

Die Glucke wendet die Eier täglich häufig mit dem Schnabel, ihre feuchte Körperwärme reicht für die Oberflächenbefeuchtung der Hühnereier vollkommen aus. Die Eier der New Hampshire-Rasse sind allerdings manchmal besonders dickwandig und die Eihäute sehr reißfest, so daß ein zusätzliches Besprühen mit lauem Wasser den Schlupf erleichtern kann. Werden Eier von Enten und Gänsen untergelegt, müssen diese zusätzlich täglich befeuchtet werden (siehe Enten- und Gänsebrut).

Am sechsten Tag werden die Eier wieder »geschiert«. Eier mit sehr dunkler Farbe schiert man am besten ein bis zwei Tage später. Dazu legt man der Glucke in der Zwischenzeit angewärmte Gipseier unter. Im befruchteten Ei ist mit Hilfe der Schierlampe ein Spinnennetz zu erkennen, in dessen Mitte sich ein leicht bewegender Kreis – der Embryo – befindet. Bei abgestorbenem Keim fehlt das Netz, und im unbefruchteten Ei ist gar nichts zu sehen. Die nicht richtig entwickelten Eier werden eine halbe Stunde lang gekocht, gepellt, kleingehackt, in eine Gefrierdose gefüllt und eingefroren. Mit gehacktem Grünfutter vermischt kann man sie ab dem 2. Tag nach dem Schlupf als Kükenfutter verwenden.

Bleiben unbefruchtete oder Eier mit abgestorbenem Keim im Nest, werden sie sehr schnell faulig, gären, platzen auf, beschmutzen dabei die anderen Eier und die Henne, wodurch die ganze Brut gefährdet wird. Sollte das Malheur schon passiert sein, werden die Eier kurz mit lauwarmem Wasser abgebraust, in sauberes Stroh zum Abtropfen gelegt, und auch die Henne muß kurz am Bauch abgebraust werden, wenn sie sich das Gefieder beschmutzt hat. Das gleiche gilt für den Fall, daß die Henne ein Ei zerbrochen haben sollte. Besonders bei schweren Rassen (die aber wegen ihrer Körpergröße viele Eier abdecken können und auch besonders häufig gute Brüterinnen sind) kann das schon mal passieren. Oder die Eier sind besonders dünnwandig, was an der Rasse (Leghorn haben übrigens eine besonders dicke Schale), aber auch an Kalkmangel und ungenauem Schieren liegen kann.

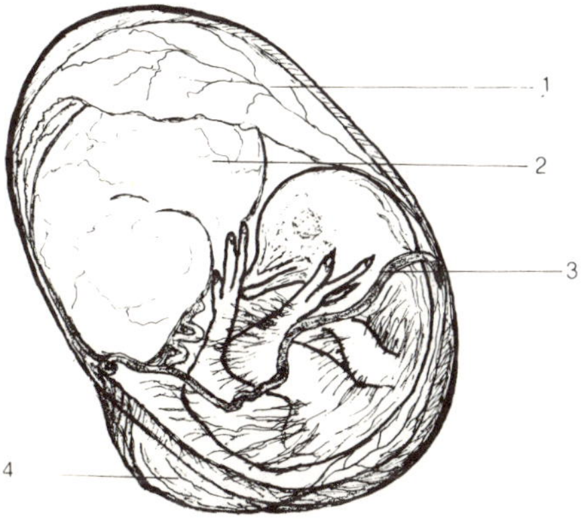

Etwa 14 Tage alter Hühnerembryo im Eilängsschnitt (nach Cooper 1976). 1 durchblutete Eihaut, 2 Dotter, 3 Blutgefäß vom Dotter zum Embryo, 4 Atmungsmembran.

Am 14. Tag wird das Schieren sicherheitshalber noch einmal wiederholt. Nun muß das beleuchtete Ei dunkel wirken, nur die Luftblase an der runden Eispitze leuchtet hell, denn der Embryo füllt jetzt fast das ganze Ei aus. Alle anderen Eier werden entfernt und wandern aufgeschlagen auf den Kompost. Aufgeschlagen ist wichtig, sonst platzen sie auf dem Kompost und stinken fürchterlich. Im allgemeinen sind aber alle Eier nach gründlichem Schieren am 6. Tag gut entwickelt.

Kurz vor dem Schlupf ziehen die Küken den Dottersack über den Nabel ein, der sich daraufhin schließt. Am 20. Tag werden die ersten Eier angepickt sein. Allerdings »picken« die Küken die Eier nicht auf, dazu ist zu wenig Platz im Ei. Bis kurz vor dem Schlupf liegt der Kopf nach vorne über der Brust unter einen Flügel gesteckt. Hebt das Küken den Kopf, so drückt der Eizahn auf der Schnabeloberseite ein Loch in die Schale. Durch langsames Drehen um die eigene Achse, wobei sich das Küken gegen die Eiwände stemmt, perforiert es mit der Zeit kreisförmig die Eischale um seinen Kopf, bis es durch Strecken des Nackens den so entstandenen »Deckel« abheben kann.

Denken Sie bitte daran: Auch die Glucke

hilft nicht beim Schlupf! Also Ruhe bewahren! Im Laufe des 21. Tages werden die meisten Küken geschlüpft sein. In seltenen Fällen kommt es einmal vor, daß ein Küken geschlüpft ist, aber eine Schalenhälfte sitzt ihm so unglücklich auf dem Kopf, daß es sich nicht selbst befreien kann. Dann können Sie helfend eingreifen, die Schale vorsichtig abnehmen und evtl. andere Schalenreste aus dem Nest entfernen. Küken mit angeklebten Schalenresten werden davon befreit, indem man mit einem kleinen Schwammstück die verklebte Stelle anfeuchtet und die Reste vorsichtig ablöst. Den Küken beim Schlupf zu helfen ist falsch, da so Verletzungen entstehen können und lebensfähige Küken immer in der Lage sind, allein zu schlüpfen. Zu schwache Küken werden die ersten Stunden kaum überleben, und wenn doch, so erkranken sie schnell und können evtl. die gesunden Küken infizieren. Grundsätzlich gilt: Möglichst gar nicht eingreifen, man richtet eher Schaden an, und die Glucke wird nur nervös.

Die frisch geschlüpften Küken sehen zuerst noch ziemlich naß aus, was daran liegt, daß ihr Flaum in der Enge des Eis platzsparend in Hornscheiden verpackt wird. Die Hornscheiden zerbröseln nach dem Schlupf schnell zu Staub, und der Flaum kann sich entfalten.

Die Küken brauchen in den ersten 24 Stunden noch kein Futter. Sie haben vor dem Schlupf über die Nabelschnur die Nährstoffe aus dem Dottersack aufgenommen. Etwas Wasser in einer Kükentränke sollte aber bereitstehen. Hat die Glucke nun weniger als 15 Küken, können Sie ihr zugekaufte Eintagsküken (wichtig: Der Eizahn auf der Schnabelspitze muß noch vorhanden sein) in der ersten Nacht unterschieben. Bis zu 20 Hühnerküken kann sie ohne Problem führen. Sollten noch einige Nachzügler später schlüpfen, weil die Bruteier im Datum sehr unterschiedlich waren, wird die Glucke das Nest im allgemeinen noch nicht oder nur für kurze Zeit mit den geschlüpften Küken (Nestflüchter) verlassen. Sollte es dennoch einmal länger dauern, bis die Glucke auf das Nest zurückkehrt, dann hängen Sie sicherheitshalber eine Infrarotlampe nicht zu tief über das Nest. Die Glucke muß noch bequem auf dem Nest sitzen können, ohne sich durch die Hitze der Lampe belästigt zu fühlen. Doch wird sie meist bald wieder zu ihrem Nest zurückkehren, da die Küken noch keine weiten Ausflüge machen, sondern nur ein paar Meter um das Nest herumwuseln. Auf keinen Fall sollten die geschlüpften Küken so lange von

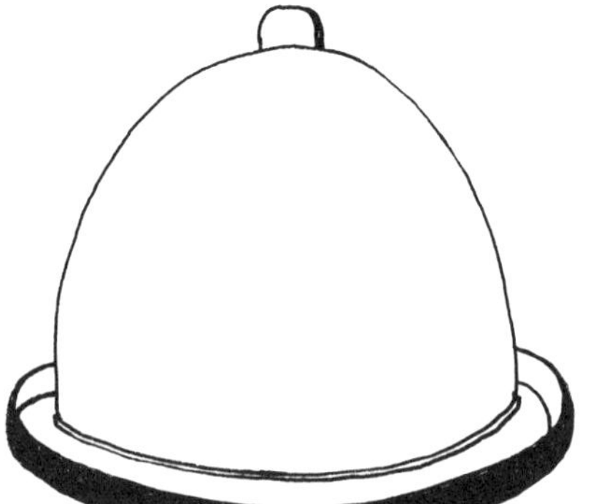

Kükentränke aus Kunststoff.

der Glucke entfernt werden, bis auch die anderen geschlüpft sind, denn sie brauchen jetzt dringend die Zuwendung ihrer Glucke!
Die Brut ohne Glucke mit einem sogenannten Flächenbrüter oder Brutschrank wird hier nicht besprochen, da die Hersteller dieser Geräte Anweisungen mitliefern, die von Modell zu Modell verschieden sind. Für den Anfänger ist die Aufzucht mit einer Glucke sicher sinnvoller, zumal derartige Geräte nur bei ständiger Nutzung rentabel und einigermaßen sinnvoll einsetzbar sind. Lohnbrütereien sind eine weitere Alternative für den Anfänger. Adressen erfährt man beim nächsten Geflügelzuchtverein. Doch sollte man sich überlegen, ob ein Hobby- oder Kleinbetrieb nicht auch ohne solche Hilfsmittel auskommen kann.
Und was soll geschehen, wenn eine Henne brütig wird und das aber ganz unerwünscht ist, weil z.B. die Jahreszeit sehr ungünstig ist? Es gibt ganz unglaubliche Vorschläge, wie man eine Glucke wieder zur Henne werden lassen kann. Aber erstens sind diese Vorschläge in 99% der Fälle hochgradig tierquälerisch, und zweitens helfen sie so gut wie nie. Am sinnvollsten scheint mir der Vorschlag zu sein, eine zur unrechten Zeit brütig werdende Henne zu Nachbarn in eine andere Herde zu setzen. Nach einer Woche hat sie dann ob der neuen Umgebung die Sache mit dem Brüten vergessen und kann wieder zurückgeholt werden. Eine andere Möglichkeit, die noch etwas weniger Streß für die Glucke bedeutet, ist, sie auf Gipseier zu setzen. Nach 21 Tagen kann man abends versuchen, ihr zwei bis drei Hähnchen-Eintagsküken unterzuschieben, die ohne Probleme nebenbei aufgezogen werden können.

Die Kükenaufzucht
Die folgenden Wochen wird die Glucke hingebungsvoll für ihre Küken sorgen. Wichtig ist jedoch ein gut bewachsener Auslauf, der durch Büsche Unterschlupf gewährt. Ein heller, trockener, von den Alttieren separierter Stall mit sauberer Einstreu muß vom Auslauf aus jederzeit erreichbar sein, damit sich die Glucke mit ihren Küken bei Gefahr oder schlechtem Wetter dorthin flüchten kann. Wenn mehrere Glucken Küken »hudern« – so nennt man das Kükenführen der Glucke –, kommt es oft nach wenigen Tagen zu Teamarbeit. Dann führt eine Glucke die Küken, während die andere sich ausruht, oder die Glucken unternehmen mit den Küken gemeinsame Ausflüge. Es gibt aber auch Fälle, in denen die Glucken nicht miteinander harmonieren. Wenn etwa eine Glucke den Auslauf schon seit einigen Tagen allein für sich und ihre Küken hatte, bekämpft sie eventuell die neu hinzukommende Glucke. Legen sich die Streitigkeiten nicht innerhalb von ein bis zwei Tagen, dann müssen die Glucken separat untergebracht werden. Andererseits kann ein sehr großer Auslauf eine Trennung, auch von der übrigen Herde, unnötig machen. Ein separater Gluckenstall für die Nacht ist aber trotzdem unbedingt nötig. Auch sollte man (zumindest jetzt) die Tiere kurz vor Sonnenaufgang in den Auslauf lassen, da zu diesem Zeitpunkt Kerbtiere und andere eiweißreiche Bo-

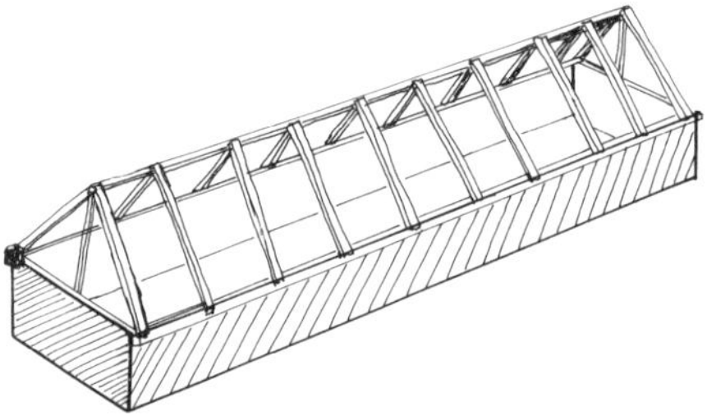

Küken-Futterraufe; die Maße müssen der Größe und dem Alter der Küken entsprechen.

denlebewesen aufgepickt werden können, die ca. zwei Stunden später nur noch selten außerhalb des Bodens zu finden sind.

Neben immer frischem Wasser aus der täglich gereinigten Kükentränke verwendet man zur Kükenfütterung flache Futterschalen aus Kunststoff, die nach jeder Fütterung gründlich gereinigt werden. Nach der ersten Woche sind für die Fütterung kleine Kükenraufen zu empfehlen, damit das Futter nicht zu sehr verschmutzt werden kann. Sollte aber die Glucke allzu großen Appetit auf das Kükenfutter haben, muß es auch vor ihr geschützt werden.

Die Küken werden in der ersten Woche 6mal täglich, also alle zwei Stunden, in der 2. Woche 5mal täglich, danach 4mal täglich gefüttert. Mit fünf Wochen genügt eine dreimalige Fütterung bis zur 8. Woche, ab der, wie bei den Alttieren, 2mal täglich gefüttert wird. Bei den Futterraufen berechnet man 3 cm Platz pro Küken bis zur 3. Woche und 6 cm bis zur 8. Woche. Je mehr Platz – desto besser! Sind die Jungtiere ca. acht Wochen alt, wird die Glucke langsam die Lust und Liebe für ihren Nachwuchs verlieren, und die Jungtiere können jetzt allein gehalten werden. Die Glucke kehrt nun wieder zu ihrer Herde zurück. Die Junghähne, bei den leichten Rassen besonders gut an den größeren Kämmen erkennbar, können jetzt für die Junghennen zu einer argen Belästigung werden. Ideal ist es deshalb, wenn der Jungtierauslauf groß genug ist, um ihn durch einen Zaun zu teilen. Dann werden Junghennen und Hähne getrennt gehalten. Reicht der Auslauf dafür aber nicht aus oder kommt es trotzdem zu ständigen Raufereien, setzt man die Hähne zu den Alttieren. Büsche und ähnlicher Sichtschutz im Auslauf der Hähne genügt aber meistens, damit sie sich nicht ständig im Blickfeld haben und ausweichen können.

Werden die Hähne zu den Alttieren gebracht, setzt man sie am besten abends in deren Stall unter die mit dem Kotbrett abgedeckten Sitzstangen und schützt sie mit einem Drahtgitter vor Angriffen der Alttiere. Tagsüber können sie im Auslauf den Angriffen ausweichen und werden sich langsam in die Herde eingliedern. Ebenso verfährt man mit den Junghennen, wenn sie etwa 16 Wochen alt sind.

Die Legereife setzt etwa zwischen der 24. und der 28. Woche ein. Vorher, in der 8.–12. Woche, werden die Jungtiere beringt. Das ist besonders wichtig, wenn es sich um Rassegeflügel handelt, da die geschlossenen Ringe, in die das Schlupfjahr eingraviert ist, später nicht mehr über die Füße gestreift werden können. Der Bund Deutscher Rassegeflügel-

züchter (BDRG) verschickt diese Ringe auf Anfrage über die jeweiligen Landesverbände.
Aber auch für nicht rassereine Tiere ist es wichtig, sie mit einem Ring zu markieren, aus dem das Alter des Tieres ersichtlich ist. Diese Ringe aus Kunststoff oder Metall (Kunststoff dürfte bei extremen Temperaturen angenehmer sein und zudem weniger Verletzungen hervorrufen) gibt es bei den Lagerhäusern der landwirtschaftlichen Genossenschaften zu kaufen.
Künstlich erbrütete Mastküken werden wie Gluckenküken aufgezogen, doch wird es hier unbedingt notwendig sein,

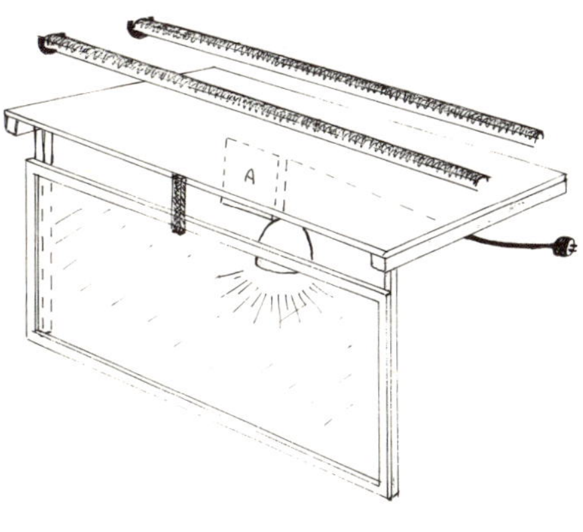

Ein Mastkükenstall oder Aufzuchtstall für Junghühner läßt sich auf einfache Weise herstellen, und zwar indem man den Raum unter dem Kotbrett durch Gitter vom übrigen Stall abtrennt. Eventuell muß eine zusätzliche Beleuchtungsmöglichkeit angebracht werden. Günstig ist es, wenn eine separate, von außen zu öffnende Auslaufklappe (A) vorhanden ist.

die schutzlosen Tiere in einen käfigartigen Auslauf zu setzen. Der Käfig wird jeden Tag auf ein anderes Wiesenstück gestellt, damit die Vögel immer frisches Grünfutter haben und nicht zu sehr mit ihrem eigenen Kot in Berührung kommen. Ein Holzkasten mit Infrarotlampe dient bei schlechtem Wetter und nachts als Stall und schließt direkt an den Käfigauslauf an. Die Kükenstallwände werden mit festem Pappkarton oder Stroh in den Ecken abgerundet, sonst erdrücken sich die Tiere dort, besonders während der ersten Woche. Wichtig ist, daß Kasten und Käfig nicht zu klein bemessen werden und den Tieren auch im Alter von fünf bis sechs Wochen noch viel Bewegung ermöglichen. Andernfalls muß zumindest der Auslauf erweitert werden. Nach fünf bis sechs Wochen kommen die Jungtiere in einen großen Auslauf, der vor Katzen und Greifvögeln geschützt sein muß. Ein Stall für die Nacht und bei schlechtem Wetter ist natürlich weiterhin notwendig.
Die Fütterung ist die gleiche wie bei den anderen Jungtieren. Es nützen übrigens der beste Drahtkäfig oder Voliere nichts, wenn nachts die daran anschließende Stallklappe nicht geschlossen ist. Füchse und anderes Raubwild sind sehr geschickt und werden nachts in das Drahtgehege zu kommen wissen. Durch ihre relative Nachtblindheit sind die Hühner schutzlos dem Raubwild ausgeliefert, das, einmal am Töten, in einen richtigen Blutrausch gerät und kein Hühnchen am Leben lassen wird. Also – unbedingt, auch im Sommer im geschützten Auslauf – nachts die Stallklappe schließen!

Grundlagen der Vererbung und Rassezucht

Wie kommt es zu einer Rasse, bei der immer wieder die gleichen Merkmale auftreten, und wodurch kann eine Veränderung bei den Nachkommen entstehen? Gregor Mendel (1822–1884) befaßte sich mit dem Problem der Vererbung und entdeckte die nach ihm benannten Regeln, die heute noch Gültigkeit haben: In den Zellkernen aller Lebewesen gibt es eine für jede Art festgelegte Anzahl von Kernfäden, die sogenannten Chromosomen. Diese Gebilde sind chemisch sehr kompliziert aufgebaut und sehen unter der Vergrößerung des Elektronenmikroskopes wie um die eigene Achse gedrehte Strickleitern aus. Auf diesen Chromosomen-»Strickleitern« sitzen die Gene an genau festgelegten Plätzen. Ein Gen ist, verkürzt gesagt, der Auslöser für ein bestimmtes Merkmal, z.B. die Gefiederfarbe. In den Körperzellen sind alle Chromosomen doppelt vorhanden (doppelter oder diploider Chromosomensatz). Nur weibliche Geschlechtschromosomen bestehen bei Vögeln aus einem ungleichen Chromosomenpaar. Ein Chromosomenpaar besteht aus einem Chromosom des Vaters und einem Chromosom der Mutter. Aber in den Keimzellen ist nur noch ein einfacher (haploider) Chromosomensatz (also keine paarigen Chromosomen mehr) vorhanden. Kommt es nun zu einer Befruchtung, d.h., die männliche Keimzelle A verschmilzt mit der weiblichen Keimzelle B, dann entsteht eine neue Zelle AB, die wieder einen doppelten Chromosomensatz hat (aus A + B). Diese neue Zelle AB ist die Urzelle des neuen Lebens. Ist ein Tier A »reinerbig«, dann haben beide Chromosomen eines Chromosomenpaares die gleichen Gene für bestimmte Merkmale (z.B. für schwarzes Gefieder). Ist ein Tier B »spalterbig«, dann hat es auf einem Chromosom z.B. ein Gen für schwarzes, auf dem anderen Chromosom ein Gen für weißes Gefieder. Trotzdem können beide Tiere schwarzes Gefieder haben. Im Fall A sind Phaenotyp (äußere Merkmale) und Genotyp (Genanlagen) einheitlich. Im Fall B ist aber der Genotyp uneinheitlich und die Anlage für das schwarze Gefieder hat sich durchgesetzt, sie ist stärker, was als »dominant« bezeichnet wird, während die Anlage für weiße Federn schwächer, also »rezessiv« (zurücktretend) ist.

Oft sind die Verhältnisse aber viel komplizierter als in diesem Beispiel, da meistens mehrere Gene für ein Merkmal zusammenwirken müssen, oder es kommt zu »Mutationen«, plötzlich auftretenden Anlageveränderungen und vielerlei anderen Sonderfällen, deren Erklärung hier aber zu weit führen würde.

Für die Zucht wird es dem Anfänger erst einmal genügen, zwei Mendelsche Re-

Mutterlose Aufzucht von Küken.
Oben: Weiße Leghornküken im Aufzuchtstall.
Mitte: Blick auf den Aufzuchtstall mit heizbarem Unterschlupf.
Unten: So wird der Heizstrahler befestigt. Er muß mit einer Kunststoffplane gegen Nässe geschützt werden.

Holland

Holland

geln kennenzulernen, nach denen sich Anlagen über mehrere Generationen verschieden vererben:

1. Uniformitätsregel:
Die beiden Elterntiere seien jedes für sich reinerbig, jedes hat also z.B. zwei gleiche Gene für die Gefiederfarbe in den Chromosomen. Aber das Tier A sei reinerbig schwarz, das andere reinerbig weiß. Die Küken werden dann Mischformen der Elterntiere werden. Doch wenn sich nun zwei dieser »Bastard«-Nachkommen miteinander paaren, tritt die zweite Regel in Kraft –

2. Spaltungsregel:
Es kommt zu einer Aufspaltung der genetischen Anlagen. Angenommen, es schlüpfen vier Küken, dann ist durchschnittlich ein Küken schwarz, mit zwei gleichen Genen für schwarz. Es ist also in Phaenotyp (äußere Merkmale) und Genotyp einheitlich. Das zweite Küken ist weiß, ebenfalls mit zwei gleichen Genen für weiße Federn usw. Die beiden anderen Küken sind wieder Mischformen mit gemischtfarbigem Äußeren und zwei verschiedenen Genen für die Gefiederfarbe. Es ergibt sich also eine Aufspaltung der Anlagen im Verhältnis: 25% reinerbig weiß zu 25% reinerbig schwarz zu 50% intermediär (dazwischenliegend). Das Ganze nennt man darum auch den intermediären Vererbungsgang. Aber es gibt noch einen anderen – den dominant-rezessiven Vererbungsgang:
Nehmen wir an, die Farbe Schwarz ist dominant, setzt sich also gegenüber Weiß (oder einer anderen Farbe) durch, dann geschieht folgendes:
Ein reinerbig weißes und ein reinerbig schwarzes Tier paaren sich, und die Küken haben dann alle schwarzes Gefieder, da schwarz das dominante Merkmal in diesem Beispiel ist. Der Phaenotyp (die äußeren Merkmale) ist bei allen Küken gleich, aber der Genotyp ist uneinheitlich, d.h., die Tiere haben zwei verschiedene Gene, sind also im Genotyp in der ersten Generation wieder Mischformen. Paaren sich nun zwei dieser Nachkommen, tritt wieder die Spaltungsregel in Kraft. Dabei entsteht wieder das Verhältnis 1:2:1. Aber nur im Genotyp, denn da die Farbe Schwarz dominant ist, tragen auch die Tiere mit zwei verschiedenen Genen schwarze Federn. Das Küken mit den zwei gleichen Genen für schwarz (reinerbig) ist also schwarz, die beiden Mischtypen tragen ebenfalls Schwarz, und nur ein Tier hat zwei Gene für weiße Federn (reinerbig) und ist folglich weiß. Die Abbildungen S. 38 können das noch einmal verdeutlichen. Dabei wurde hier die Inzucht, also die Paarung von Elterntieren mit den Kindern und den Kindern untereinander, besprochen.
Für die Rassezucht ist diese Zuchtform von großer Bedeutung, kann aber auch, wenn sie längere Zeit betrieben wird, zu Inzuchtschäden führen. Darum müssen immer wieder Tiere einer anderen »Linie« (z.B. von anderen Eltern, aber von der gleichen Rasse) und zeitweilig auch von einer anderen Rasse eingekreuzt

Oben: Von links Gänseküken, Entenküken, Hühnerküken.
Unten: Von links Gänseei, Entenei, Hühnerei.

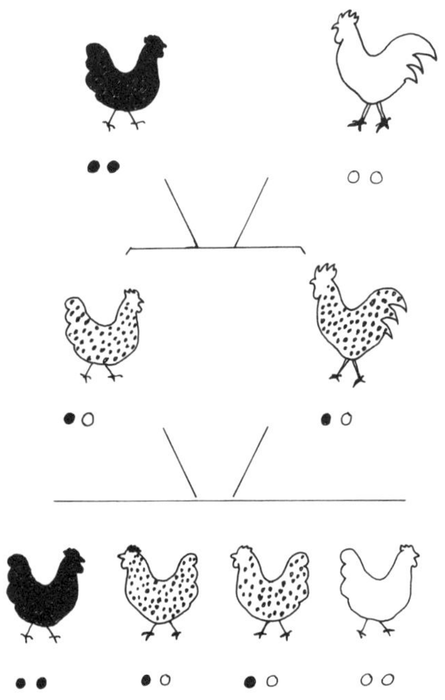

a. Der intermediäre Erbgang
■ Gen für schwarzes Gefieder
□ Gen für weißes Gefieder

b. Der dominant-rezessive Erbgang
■ Gen für schwarzes Gefieder (dominant)
□ Gen für weißes Gefieder (rezessiv)

werden, wobei immer nur ein weibliches Tier hinzukommt, damit nicht die gesamte Nachzucht einer Herde außer Kontrolle gerät. Setzt man nämlich statt dessen einen Hahn neu hinzu, können sich evtl. auftretende unerwünschte Merkmale in der gesamten Nachzucht auswirken, während bei einer neu hinzugesetzten Henne nur deren Küken betroffen sind. Natürlich muß auch des öfteren einmal der Hahn ausgewechselt werden, aber dafür wählt man dann lieber einen Junghahn der gleichen Linie. Viele Züchter halten mehrere Linien, also mehrere Inzuchten, deren Merkmale mit hoher Wahrscheinlichkeit reinerbig sind. Diese Linien werden untereinander wieder verbunden, um weitere positive Merkmale zu vereinigen. Trotzdem muß auch in diese Zuchtstämme immer mal wieder eine fremde Glucke »eingekreuzt« werden.

Es ist sinnvoll, diese sogenannten »Zuchtstämme« möglichst klein zu halten, also etwa ein Hahn und fünf Hennen, damit auch die ranghohen, also besonders vitalen Hennen gedeckt werden. Denn wie man weiß, entziehen sich ranghohe Hennen, die aber wichtig für eine gute Nachzucht sind, gerne dem Tretakt. Legt eine Henne dann trotzdem ständig unbefruchtete Eier, hilft nur, sie zu einem anderen Zuchtstamm und dessen Hahn zu setzen. Auch fällt es bei so kleinen Zuchtstämmen leicht, nach einiger Beobachtung die Eier mit ihrer individuellen Form und Farbe den jeweiligen Hennen zuzuordnen, ohne die für die Tiere unangenehmen Fallennester zu verwenden, aus denen die Hennen nach dem Legen erst vom Menschen wieder befreit werden müssen. Um aber eine richtige Zucht durchführen zu können, muß natürlich geklärt werden, welches Ei von welcher Henne ist. Die Eier einer Henne dürfen dann aber zusammen nur einer Glucke untergelegt werden, ohne noch andere Eier mitbebrüten zu lassen, sonst weiß man nach dem Schlupf wieder nicht, wer die Elterntiere der Küken sind.

Die Eientwicklung

Im Eierstock der Henne (sie hat wie alle Vögel nur einen Eierstock, der Hahn paarig angelegte Hoden in der Bauchhöhle) wachsen gleichzeitig etwa fünf bis sieben Dotterkugeln in Bläschen heran (eine »Legeserie«), in denen obenauf der Keim in Form einer Scheibe schwimmt. Ist der Dotter groß genug, platzt das Bläschen, und das Gelbei wandert in den Eileiter. Dort halten sich seit dem letzten Tretakt die Samenfäden (teilweise über eine Million) des Hahnes in kleinen Ausbuchtungen auf. Vier bis zwölf Tage können sie die Eier einer Legeserie befruchten. Während die Dotterkugel mit schraubenförmigen Bewegungen den Eileiter passiert, wird die Keimscheibe von einem Samenfaden befruchtet. Nun beginnt die Entwicklung des Embryos. Während der Wanderung durch den Eileiter wird der Dotter mit verschiedenen Schichten Eiklar überzogen. Im vorletzten Abschnitt wird das Ei von der Eihaut umschlossen, und im Eihalter (Uterus) kommt ein Kalküberzug – die Schale – drumherum. Das dafür benötigte Kalzium stammt zu etwa einem Viertel aus dem Knochengerüst, der Rest muß der Nahrung entnommen werden können. Kalküberschüsse in der Nahrung werden wieder den Knochen zugeführt. Zum Schluß zieht sich die Kutikula über das Ei. Diese Schleimschicht färbt die Eioberfläche braun oder andersfarbig und fettet sie schützend ein.

24 Stunden dauert die Eientwicklung beim Huhn. Der Legerhythmus hängt davon ab, wie schnell die Dotterkugeln im Eierstock nachreifen. Die Reifung wiederum ist abhängig von der Fütterung, die Eigröße hängt vom Alter der Tiere (Junghennen legen durchschnittlich um 20% kleinere Eier) und von der Größe der Legeserie ab. Je mehr Eier pro Serie gelegt werden, um so kleiner sind sie, da sie weniger Zeit für die Dotterbildung, aber auch für die anderen Stationen haben. Dabei ist das erste Ei einer Serie immer auch das größte, au-

ßerdem ist es bei farbigen Eiern dunkler gefärbt. Schließlich wirken sich noch sommerliche Temperaturen negativ auf die Eimasse aus, da dann die Leistungsfähigkeit der Hennen zurückgeht.
Die Inhaltsstoffe des Eis:
Eiklar – Proteinlösung + Mineralsalze
Eidotter – Protein (= Eiweiß), mit Lezithin emulgiertes Fett, Minerale, Vitamine (A, B1, B2, D, E)

Ein Ei enthält etwa
74% Wasser
13% Eiweiß
12% Fett
1% Salze und Vitamine
Das Cholesterin, eine fettähnliche Substanz, findet sich wie in allen tierischen Fetten auch im Ei, so daß mit einem Ei fast der gesamte tägliche Cholesterinbedarf eines Erwachsenen gedeckt wird.

Die Fütterung

Küken: 1. Woche alle 2 Stunden, also 6mal täglich, füttern. Weizenkleie, Futterhaferflocken, gehacktes, hartgekochtes Ei, gehackte Brennesseln, Spitzwegerich, Löwenzahn, andere Garten»unkräuter«, Salatreste (kein Sauerampfer – wird nicht gefressen, zu sauer) und Futterkalk (für Geflügel!) mit Molke (notfalls Magermilch oder Magermilchpulver + Wasser) zu dick-krümeligem Brei vermischen. Ein Teelöffel Hefeflocken kann über den Tag verteilt für 20 Küken mitgefüttert werden. Molke im Wechsel mit Buttermilch ist ebenfalls sehr zu empfehlen. Ein Ei reicht für vier Küken pro Tag in der ersten Woche. Es wird soviel Brei pro Fütterung gegeben, wie innerhalb von 15 Minuten aufgepickt wird. Vorsicht! Weichfutter säuert gerade im Sommer sehr schnell und führt dann zu Durchfall. Darum Weichfutter immer frisch zubereiten!
Möglichst Weizenkleie aus biologischem Anbau verwenden, sonst sind zu viele Schadstoffe in dieser äußeren Hülle der Weizenkörner. Futterkalk für Geflügel und Hefeflocken gibt es bei den landwirtschaftlichen Genossenschaften. Nur kleine Packungen kaufen, da die Vitamine während der Lagerung zerfallen. Nach Gebrauchsanweisung dosieren.
Alle zwei Tage gegen Würmer, zur Vitaminversorgung einmal täglich geriebene Möhren und zerquetschten Knoblauch (1 Zehe auf 250 g Quark) füttern, 25 g Möhren für 250 g Quark berechnen. 40prozentigen Quark nehmen, da die Vitamine der Möhre nur in Verbindung mit Fett verwertet werden können. Zur ständigen Aufnahme muß Sand vorhanden sein. Die saubere Kükentränke ist natürlich immer gefüllt.
2. Woche: 5mal täglich füttern wie in der ersten Woche. Jetzt reicht aber ein Ei für sechs Küken pro Tag. Futterhaferflocken können für eine Mahlzeit auch allein und trocken gefüttert werden. Das Grünzeug muß nicht mehr so kleingehackt werden. Es kann abends Keimgetreide gefüttert werden. Den Möhren/Knoblauch-Quark nur noch alle drei Tage einmal füttern. Obst- und Gemüsereste verfüttern.
3.–4. Woche: 4mal täglich füttern wie bisher. Doch ein Ei reicht nun für acht Küken pro Tag. Gedämpfte Kartoffeln

oder Topinambur können hinzukommen. Statt Futterkalk können jetzt im Mörser zerstampfte und erhitzte (pasteurisierte) Eierschalen separat neben Sand und kleinen Steinchen zur ständigen Aufnahme bereitstehen. Nur noch einmal wöchentlich den Quark füttern.
Ab der 4. Woche suchen sich die Küken in einem guten Auslauf ihr Grünfutter selber. Ist nicht genügend Grünfutter im Auslauf vorhanden, wird dort ein mit Grünfutter gefüllter Drahtkorb aufgehängt. Trotzdem abends etwas Keimgetreide füttern. Würmer können, wenn zuwenig im Auslauf vorhanden, zusätzlich gefüttert werden (Kompostwürmer sind leicht zu ziehen).
5.–8. Woche: 3mal täglich füttern wie bisher, jedoch weniger Futterhaferflocken. Getreideschrot (50% Weizen, 25% Mais, 25% Gerste) trocken füttern. Abends Körner und kleingeschroteten Mais anbieten: 50% Weizen, 25% Gerste, 25% geschroteten Mais.
Alle Tiere ab der 8. Woche: 2mal täglich füttern. Morgens etwa zwei Stunden die Tiere im Auslauf Futter suchen lassen. Die Stalltür möglichst kurz vor Sonnenaufgang öffnen, da dann die Bodenlebewesen leichter für die Hühner erreichbar sind. Zwei Stunden später wandern sie wieder in tiefere Bodenschichten zurück. Jetzt wird Weichfutter gegeben: Molke, Kleie, gedämpfte Kartoffeln oder Topinambur, kleingeschnittene Küchenabfälle (Fleisch ohne Knochen, Fisch), aber frisch und nur schwach gewürzt. Sicherheitshalber Küchenabfälle kurz aufkochen, damit kein Schimmel verfüttert wird. Zerhacktes und zerbröseltes Altbrot wird auch gern gefressen, muß aber schimmelfrei sein. Oft bekommt man Altbrot preiswert oder kostenlos beim Bäcker.
Molke gibt es übrigens für einen Spottpreis bei Molkereien, wenn man sie sich dort in größeren Mengen abholt. Obst und Gemüseabfälle kann man den ganzen Tag über in den Auslauf geben (Fallobst!).
Abends: Körnergemisch aus 50% Weizen, 25% Gerste und 25% Mais, diesen evtl. geschrotet. Pasteurisierte, zerstampfte Eierschalen oder Muschelkalk (bei den landwirtschaftlichen Lagerhäusern erhältlich), Sand, Steine, nicht zu warmes, sauberes Wasser stehen den ganzen Tag zur freien Aufnahme bereit. Während der Mauser im Herbst sind Sonnenblumenkerne ein gutes Zusatzfutter, doch haben die Hühner oft erhebliche Probleme mit der Schale. Also entweder geschält oder doch zumindest angequetscht verfüttern.
Tritt die Mauser im Herbst nicht ein, wird eine Woche nährstoffarm gefüttert. Meist kommt es dann doch zur Mauser. Danach sind die Eierschalen oft wieder viel dicker, da die so erzwungene Legepause regenerierend wirkt.
Zwei- bis viermal im Jahr sollte Knoblauch (kleinhacken, überbrühen und dann einen Tag in zimmerwarmem Wasser ziehen lassen) im Trinkwasser gereicht werden. Das beugt Krankheiten vor und regt sogar die Legetätigkeit an. Keine Angst, die Eier schmecken dann nicht nach Knoblauch. Aber es darf kein anderes Wasser zur Verfügung stehen, sonst wird das Knoblauchwasser nicht angenommen. Auf zwei Liter kommen je nach Frische des Knoblauchs 5–10 Ze-

hen. Im Winter wird wegen Futtermangels im Auslauf morgens mehr Weichfutter gegeben.
Für den Tag, besonders zur Vermeidung von Langeweile, falls die Tiere sich hauptsächlich im Stall aufhalten, in Bodennähe Zwiebelsäcke aufgespreizt an der Wand befestigen (Vorsicht mit herausragenden Nägeln!). In die Säcke kommen rohe Kartoffeln, Topinambur, Zuckerrüben, Gemüseabfälle und, so vorhanden, auch Markstammkohl, die dann gerne gepickt werden. Die Zuckerrüben auf Nägel aufzuspießen, ist gefährlich, da die Nägel leicht zu Verletzungen führen. Blattgemüse und ein paar Körner werden auf der Bodeneinstreu verteilt, das hilft ebenfalls gegen Langeweile. Das Sandbad (mit Holzasche vermischt) steht im Winter im Stall, damit der Sand nicht gefriert.
Ein kleiner, geschützter Komposthaufen am Stall sorgt auch im Winter für Würmer, die zusätzlich verfüttert werden. Der Platz unter dem Kotbrett im Stall eignet sich dann gut, um immer etwas von dem halbgaren Kompost dort auszubreiten, wenn dort nicht gerade Jungtiere den Platz zur Eingewöhnung benötigen. Damit nicht alles im Stall verteilt wird, nagelt man eine 20 cm hohe Leiste davor.
Keimgetreide ist in seinem Nährwert um ein Vielfaches höher als einfaches Körnerfutter, und das nicht nur, weil nun die Nährstoffe leichter für die Verwertung im Körper zugänglich sind, sondern auch, weil der Vitamingehalt während der Keimung erheblich ansteigt. Weizen, Hafer, Gerste und Mais werden einen Tag in Wasser eingeweicht und dann in Kisten ausgebreitet. Folie oder alte, ungefärbte Tücher zuunterst halten die Feuchtigkeit, die während vier bis fünf Tagen zur Keimung benötigt wird. Nach dieser Zeit sind die Keime ein bis zwei cm lang, und das Getreide kann verfüttert (oder selbst gegessen) werden. Da die Körner immer frisch gekeimt sein müssen (später faulen sie leicht), legt man am besten jeden Tag neues Getreide zur Keimung in Kisten, damit der Vorrat nicht ausgeht.
Die Verfütterung von Mais sollte übrigens nur sehr sparsam erfolgen, wenn es nicht möglich ist, ihn aus biologischem Anbau zu beziehen, da Mais im konventionellen Anbau sehr stark chemisch behandelt wird.
Auf die Verwendung und Dosierung von Fertigfuttermischungen wird hier nicht näher eingegangen. Zwar gibt es für alle Zwecke schon vorgemischtes Futter – Kükenstarter, Kükenalleinfutter, Mastkükenfutter, Junghennenalleinfutter, Legehennenmehl oder Pellets (zu kleinen Würsten gepreßtes Trockenfutter). So wird der Arbeitsaufwand minimal, und es kann zu keiner Fehlernährung kommen. Aber zum einen ist dieses Fertigfutter nicht billig, und ein Huhn braucht täglich etwa 120 g, also pro Jahr zwischen 40 und 45 kg bei alleiniger Fertigfutterfütterung. Ein guter Auslauf spart – übers Jahr gesehen – etwa ein Drittel dieser Futtermenge ein. Zum anderen geht es hier ja um Tierhaltung als Freizeitbeschäftigung bzw. zur Selbstversorgung, in der man versucht, möglichst sinnvoll biologische Kreisläufe zu schließen. Und zum dritten ist es bei Fertigfutterverwendung fraglich, ob dann nicht billiger Fleisch und Eier aus dem

Supermarkt gekauft werden können, die eben mit diesem Futter erzeugt wurden. Im Fertigfutter sind nämlich eben diese so fragwürdigen Medikamente und Zusätze enthalten, auf die man in der Nahrung gerne verzichten möchte, die aber in den großen Geflügelbetrieben unerläßlich wurden.
Auch von der Verfütterung von Knochenmehl, Blutmehl, Tierkörpermehl und Fischmehl wird abgeraten, die zwar einen hohen Eiweißgehalt haben, aber es finden sich Reste des Lösungsmittels Perchloräthylen in diesen Zusatzfuttermitteln, die durch die Herstellung bedingt sind. Auch auf den dem Legehennenfertigfutter zugesetzten Dotterfarbstoff kann man getrost verzichten. Wer allerdings guten Kontakt zu einem Metzger hat, kann sich von ihm Knochen klein mahlen lassen und dann dieses frische Knochenmehl mitverfüttern, das neben etwas Eiweiß viele Mineralstoffe und Phosphorsäure enthält. Auch bei dem wegen seines hohen Eiweißgehaltes geschätzten Soja gibt es Bedenken. Denn erstens beziehen wir das meistens aus Dritte-Welt-Ländern, die durch diese Monokultur nur weiter ausgebeutet werden, und zweitens werden dort all die Schädlingsbekämpfungs- und anderen Spritzmittel eingesetzt, für die die Chemieindustrie hier keine Abnehmer mehr findet, da sie in Europa verboten sind.
Für die Fütterung an einem Urlaubswochenende werden reichlich Wasser, Getreideschrot und Körner in getrennten Behältern ausreichend für zwei Tage im Stall aufgestellt. Von wenigen Ausnahmen abgesehen werden die Tiere nur so viel fressen, wie sie benötigen. Allerdings ist es vorteilhaft, wenn ein Nachbar die Stallklappe morgens öffnet und abends wieder schließt, denn die Möglichkeit, daß Raubwild nachts in den Stall eindringt, ist nicht zu unterschätzen.
Bei sehr kaltem und nassem Wetter oder wenn einige Hühner es sich angewöhnt haben, ihre Eier zu »verlegen«, also z.B. lieber im Auslauf ihre Eier verstecken, sollte der Stall erst am späten Vormittag geöffnet werden. Doch muß überprüft werden, ob die Nesterzahl ausreicht (ein Nest reicht für drei bis vier Hühner) oder ob die Nester zu sehr in der Sonne liegen, zu wenig Einstreu haben, zu klein sind oder zu hoch bzw. zu tief angebracht sind. Dazu mehr im Kapitel Stallbau.

Stall und Auslauf

Das oberste Gebot in der Tierhaltung lautet:
Erst die Ställe – dann die Tiere!
Wer mit Provisorien anfängt, tut damit weder sich noch den Tieren einen Gefallen. Die tägliche Arbeit wird dadurch nur viel mühsamer werden, die Tiere werden krank oder stellen dauernd etwas an, und die Nachbarn melden dann auch irgendwann ihren Widerspruch an. Darum am besten der Reihe nach vorgehen:
1. Was halten die Nachbarn davon – hätten sie vielleicht selbst gern ein paar frische Eier oder ab und zu mal ein Suppenhuhn?
2. Die Baubehörde braucht eine hübsche Skizze zum Bauantrag.

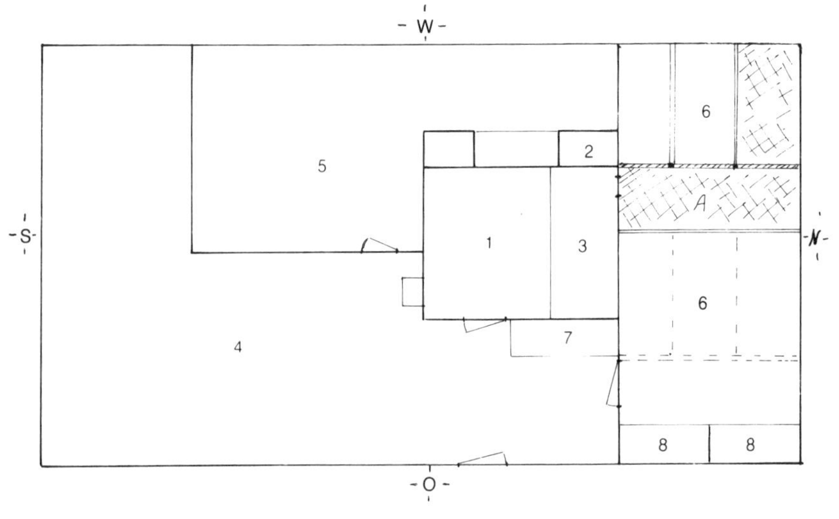

Hühnerzuchtanlage mit Hühnerstall (1), Gluckenställen (2), Mastkükenstall (3) und dazugehörigen Ausläufen (4, 5, 6). Die Wechselausläufe für Mastküken sind teilweise durch Drahtgitter geschützt. 7 Geräte- und Futterraum, 8 Dunglege.

3. Nach der Baugenehmigung mit der Arbeit beginnen:
   a) den Boden für das Fundament vorbereiten
   b) Fundamentumrahmung schalen und gießen (Löcher für die Drainage nicht vergessen)
   c) den Boden innen mit einer Lage Kies auffüllen
   d) darauf eine dicke Lage Sand verteilen
   e) darauf Klinkersteine verlegen
   f) Gefälle für Abfluß berücksichtigen, am besten zur Südseite hin.

4. Nun wird der Stall, entweder aus Hohlblocksteinen (müssen später verputzt werden) oder doppelwandig aus Holz, gebaut. Das Holz wird nicht mit chemischen Mitteln, sondern mit Holzaschenlauge behandelt (Häuser im Allgäu und im Schwarzwald mit diesem Holzschutz sind teilweise älter als 100 Jahre). Ein Pultdach kann auch von einem Laien gebaut werden, ein Satteldach verlangt schon mehr handwerkliches Können. Das Dach kann zur Isolierung mit Grassoden bedeckt werden, das wärmt im Winter, schützt aber auch vor zu großer Hitze im Sommer.

Warum kein Lehm als Baumaterial? Grundsätzlich ist Lehm ein sehr preiswertes und gesundes, temperaturausgleichendes Baumaterial, doch als Stallboden für Geflügel ungeeignet, da bei eventuellen Krankheiten der Boden mindestens 30 cm tief abgetragen werden muß. Mäuse und Ratten sind bei Ställen in Lehmbauweise häufige Gäste,

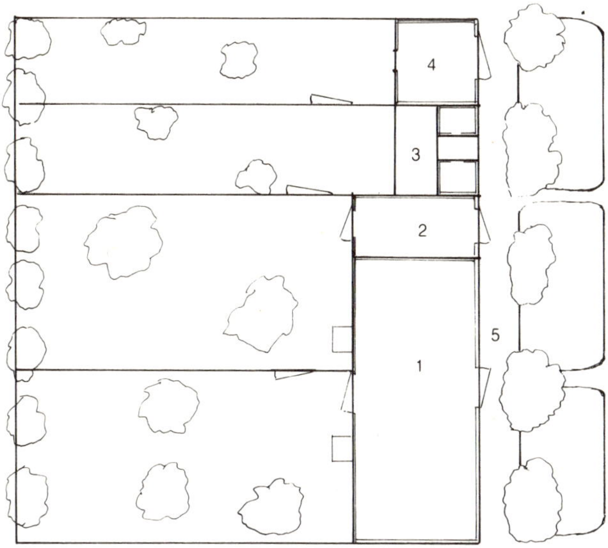

Gutgelöste Anordnung eines Hühnerhofs mit Hühnerstall (1), Geräteraum (2), Gluckenställen (3), Mastkükenstall (4) nd den dazugehörigen Ausläufen.
Ein überdachter Gang (5) führt zu den einzelnen Stallabteilen; rechts davon die Dunglege und anschließend der Garten.

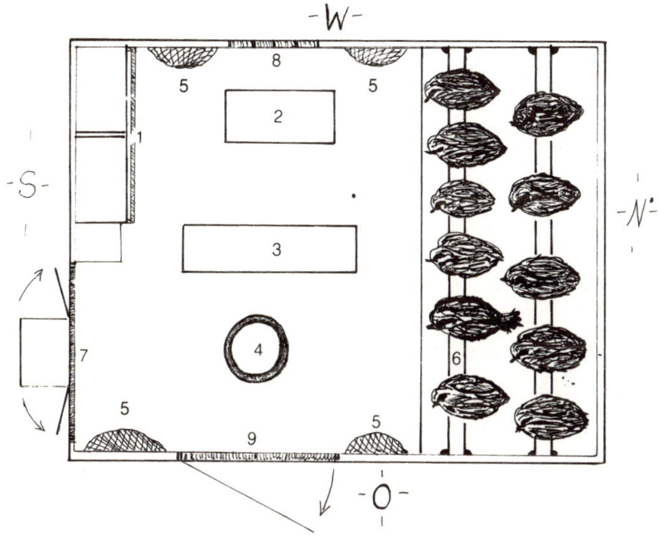

Stall für etwa 10 Hühner + Hahn.
1 Legenester;
2, 3, 4, 5 Sandbad, Futtertrog, Tränke und Netze mit Grünfutter oder Abfällen (nur im Winter im Stall);
6 Sitzstangen, darunter Kotbrett;
7 Auslaufluke, darüber Fenster;
8 Fenster, 9 Tür.

Hühner

Hühnerstall in U-Form mit Grasdach;
1 Hühnerstall,
2 + 3 Futter- und Geräteraum,
4 Gluckenställe,
5 Mastkükenstall,
mit den dazugehörigen Ausläufen.

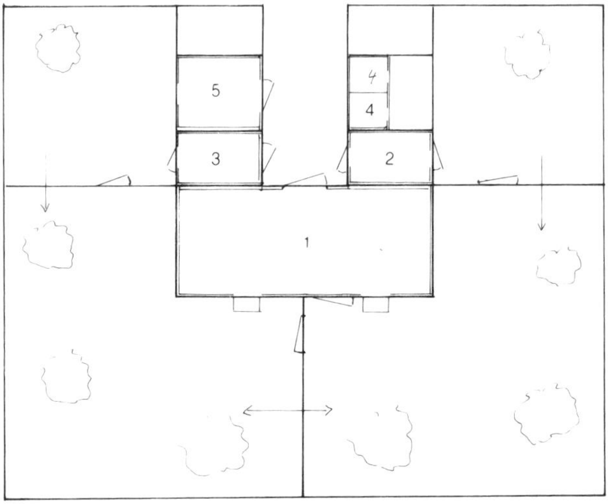

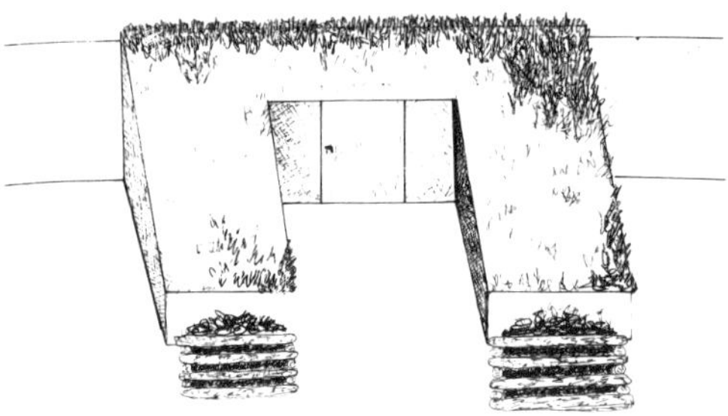

Rückansicht des Stalles oben.

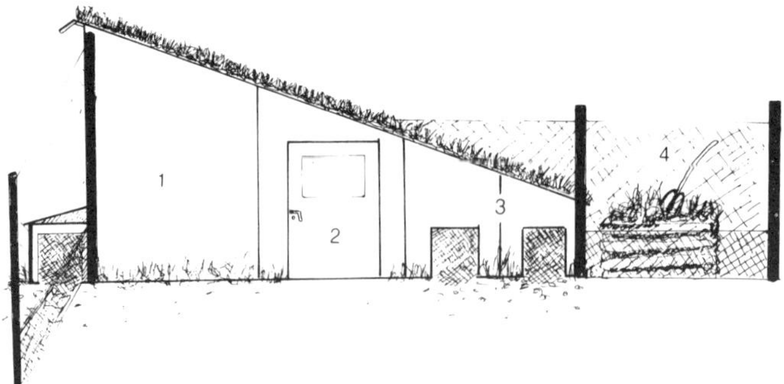

Seitenansicht des Stalles oben;
1 Hühnerstall,
2 Futterraum,
3 Gluckenställe,
4 Dunglege.

ebenso wie Wiesel. Wer es aber trotzdem mit Lehm versuchen will, sollte zumindest ein enges Drahtgeflecht als Schutz in den Boden einlegen. Lehmwände werden mit der Zeit ordentliche Löcher haben, da die Hühner gern daran herumpicken.
Ein Zementboden ist sehr kalt und wird nur durch sehr dicke Einstreu (mindestens 30 cm) »hühnergerecht« und wärmer. Holzfußboden braucht als Schutz gegen Mäuse u.ä. ein dünnmaschiges Drahtgeflecht als »Unterbodenschutz«, und in die Ritzen setzt sich Ungeziefer. Durch den feuchten Kot und die zweimal im Jahr notwendige nasse Stallreinigung wird der Boden nicht von langer Dauer sein.
Weiter muß beim Stallbau folgendes bedacht werden: Die Fenster nach Süden oder Südosten ausrichten, damit die Sonnenstrahlen den Boden erreichen können, um Krankheitserreger abzutöten. Feuchte Ställe sind neben Zugluft Hauptkrankheitsursachen. Kleine, kippbare, von außen mit Fliegendraht gesicherte Glasbausteine rechts und links an der Fensterwand direkt unter dem Dach sorgen für die Entlüftung. Frischluft kommt durch nach außen kippbare, möglichst große Fenster herein. Durch einen von außen waagerecht über der Öffnung angebrachten Holzrost mit Fliegendraht wird verhindert, daß sich Hühner dort hinaus- oder kleine Räuber hineinzwängen. Wenn das Fenster nach innen gekippt wird, sitzen die Hühner ständig auf dem Fensterrahmen und verkoten die Scheiben innerhalb kurzer Zeit so sehr, daß kein Licht mehr durchdringt. Noch praktischer sind Schiebefenster, die zum Öffnen zur Hälfte von oben nach unten gezogen werden. Vor die zu öffnende Fensterhälfte ebenfalls wieder Fliegendraht nageln.
Das Pultdach sollte so weit vorstehen, daß der Regen die Fensterrahmen nicht aufweicht. Den Dachvorsprung am besten nach unten abknicken lassen.

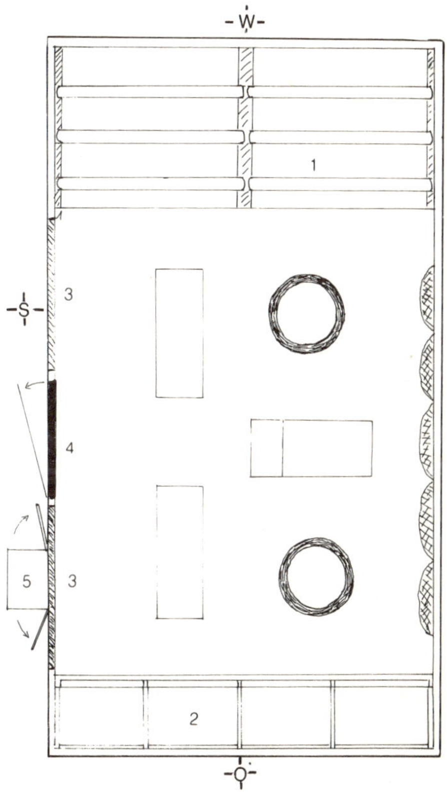

Stall für etwa 25 Hühner und Hahn.
1 Sitzstangen; 2 Legenester; 3 Fenster, im Sommer Drahtgitter; 4 Tür, 5 Auslaufluke.

Legenester mit Anflugstange.

Glasbausteine, die wegen Durchzugsgefahr nicht geöffnet werden, können als zusätzliche Lichtquelle an der West- und Ostseite des Stalles eingebaut werden. Bei einem kleinen Stall, der am sinnvollsten quadratisch ist (ein großer sollte rechteckig sein), kann die Tür auch gleichzeitig das Fenster sein.
Vor den Ausgang nagelt man eine 10–20 cm hohe Leiste (je nachdem, wie dick die Einstreu ist), damit beim Türöffnen nicht zuviel Einstreu herausquillt. Die Tür muß zum Öffnen außen festgehakt werden können. In großen Ställen unbedingt an schubkarrengerechte Türen (evtl. Schwingtüren) und breite Gänge denken! Der Stallausgang für die Hühner sollte von außen durch einen Windfang geschützt und auch von außen zu öffnen sein, am besten nach zwei Seiten, je nach Wetterlage. Hohe Hühnerleitern werden besonders von schweren Rassen nicht bewältigt, aber auch andere, besonders Jungtiere, haben da Probleme. Also am besten den Eingang in Stallbodenhöhe anlegen. Er sollte möglichst auch an der Fensterseite liegen, damit keine Zugluft entsteht. Die Legenester am besten ebenfalls an der Südseite neben dem Fenster anbringen, so daß sie im Halbdunkel liegen. Ein Legenest sollte für zwei bis drei Hennen vorgesehen werden. Es hat ein abgeschrägtes Pultdach (sonst wird es zu stark verkotet) und eine Anflugstange. Im Nest liegen öfter zu erneuerndes Stroh und ein Gipsei, denn Nester, in denen schon ein Ei liegt, wirken auf Hühner anziehender als leere Nester. Auch Gemeinschaftslegenester sind teilweise üblich und werden auch gern von den Hennen angenommen. Da die Hühner dann aber häufig über schon gelegte Eier laufen, kommt es öfter zu Knickeiern. Ein Gemeinschaftslegenest der Größe 1 x 1 m reicht für 50 Hennen. Die Legenester nicht höher als 1 m über dem Boden anbringen, bei fluguntauglichen Rassen höchstens 20 cm über dem Boden!

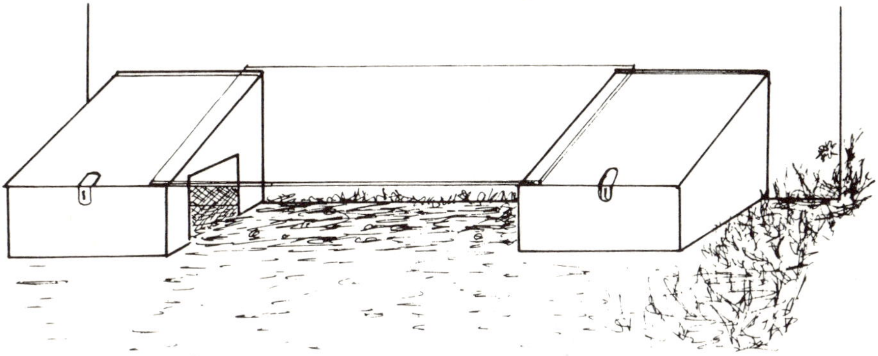

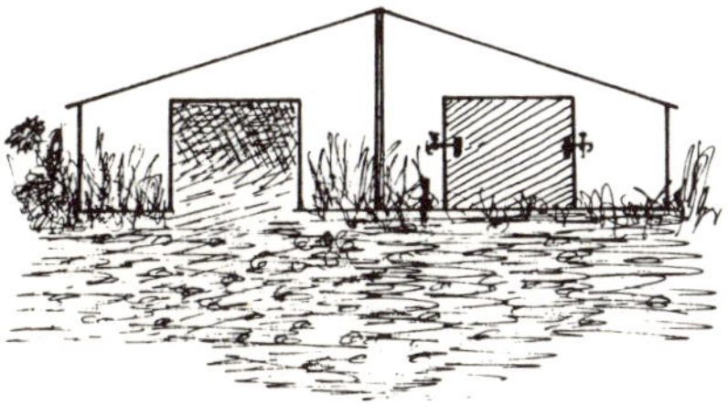

Gluckenställe mit Schutzdach und aufklappbarem Deckel. Sie können auch zu einem Stall zusammengestellt werden.

Die Sitzstangen (5 x 5 cm) sollten nicht länger als 2 m sein, sonst sind sie für die Reinigungsarbeiten zu umständlich zu handhaben. Auch die Unterseite muß ganz glatt gehobelt und geschliffen werden, damit sich kein Ungeziefer einnisten kann. Anschließend mit Holzaschenlauge behandeln. Ab und zu den Unterteil der Stangen mit Schmierseife einstreichen. Zweimal im Jahr abnehmen und mit Wasser und Schmierseife abbürsten, anschließend in der Sonne trocknen lassen.

Unter den Sitzstangen wird leicht schräg ein Kotbrett angebracht, das vor der ersten Nacht im neuen Stall schon mit Sägemehl oder Sand bestreut wird, damit der Nachtkot dann einmal pro Woche abgekehrt werden kann. Jeden Tag etwas Sägemehl oder Sand auf das Brett streuen, so wird die Kotfeuchtigkeit aufgesaugt, es entstehen also keine Ammoniakdämpfe, die das Ungeziefer anlocken und die Luft verderben. Verschiedentlich wird zur Anlage einer Kotgrube unter den Sitzstangen geraten, die mit Draht abgedeckt wird, aber erstens ist der Draht schwer zu reinigen, und zweitens bilden sich Ammoniakdämpfe, wenn der Kot nicht regelmäßig entfernt wird, auch wenn die Sonne noch so sehr auf die Kotgrube scheint.

Das Kotbrett verhindert, wenn es regelmäßig bestreut wird, den Kontakt der Hühner mit dem Kot. Wenn es nicht zu tief angebracht ist, schafft es zusätzlich Raum unter den Sitzstangen zum Scharren oder zur Eingewöhnung der Jungtiere.

Im Winter muß genügend Platz für den ganztägigen Stallaufenthalt der Tiere sein. Dabei ist zu bedenken, daß Futtertröge, Tränke (beide auf Ziegelsteine stellen, damit sie nicht von der Einstreu verschmutzt werden, das Wasser gefriert dann auch nicht so leicht), Sandbehälter und Gritgefäß (Muschelkalk bzw. Eierschalen) im Stall sein werden und trotzdem noch genügend Raum zum Scharren bleiben muß. Ein Kasten für halbgaren Kompost sollte auch noch Platz finden, damit im Winter nach Würmern u.ä. gescharrt werden kann.
Pro Quadratmeter werden am besten zwei Hühner gerechnet, lieber etwas mehr Platz als zu wenig zur Verfügung stellen. Wird der Hühnerstall in einen schon vorhandenen Stall integriert, sollte man darauf achten, daß Hühner- und Schweinestall möglichst weit auseinanderliegen, da die Hühner Krankheitserreger auf die Schweine übertragen können.
Wasser- und Stromanschluß sind im Hühnerstall ebenfalls wünschenswert. Letzterer ist vor allem im Winter für eine Infrarotlampe und bei gluckenloser Kükenaufzucht wichtig. Ein Hühnerwagen (eine alte Baubude) wurde vor allem früher oft verwendet, um die Hühner ein Stoppelfeld abweiden zu lassen. Er sollte allerdings nur für kurze Zeit benutzt werden, da sein Holzfußboden sonst bald zu faulen beginnt.

Der Auslauf

Vor der Fensterseite des Stalles sind Laubbäume ideal, die im Sommer Schatten geben und im Winter die Sonne durchlassen.

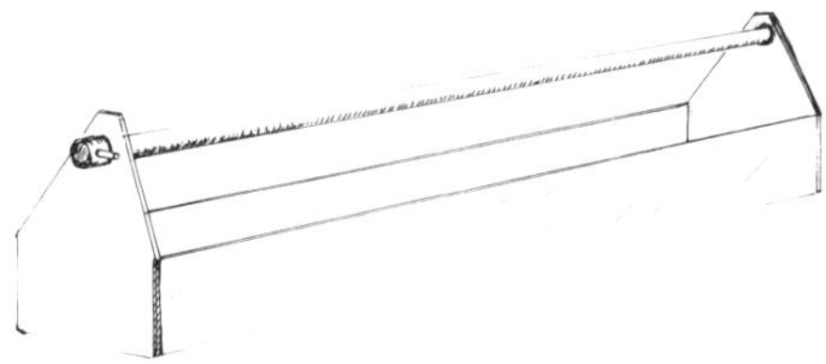

Hennenfuttertrog mit beweglicher Querstange, die verhindert, daß sich die Hühner auf den Trog setzen.

Im Umkreis um die Stallklappe wird am besten Kies aufgeschüttet, da hier durch das Scharren der Tiere schon bald kein Gras mehr wächst. An unkrautüberwucherten Plätzen braucht nur ab und zu Futter hingestreut werden, dann wird dort nicht mehr gemäht werden müssen. Wenn möglich, sollten zwei Auslaufmöglichkeiten im Wechsel zur Verfügung stehen.
Der Auslauf wird 150–250 cm hoch eingezäunt, abhängig von der Hühnerrasse (siehe Seite 23). Zäune, die auch von den Küken respektiert werden sollen, müssen im unteren Teil mit engmaschigem Kükendraht gesichert werden. Eine Begrünung des Zaunes ist aus optischen und ökologischen Gründen sinnvoll, aber auch um den Tieren Wind- und Sonnenschutz zu gewähren. Werden einheimische, blühende Büsche verwendet, sind sie gleich noch eine Futterquelle für die Hühner, einmal durch die Insekten, zum anderen durch die im Herbst reifenden Beeren (Brombeere, Himbeere, Hagebutte usw.). Im Auslauf sollte einige Wochen vor der Besiedlung durch die Hühner ein Wildsamengemisch aus dem Fachhandel eingesät

werden, da einfacher Rasen keine ausreichende Weide ist.
Büsche, Hecken, Spalierobst zur Unterteilung des Auslaufs in mehrere Zonen sind sehr wichtig, geben Deckung und bieten mehr Vielfalt, Blumenrabatten werden allerdings ebenso wie Gemüsebeete ein jämmerliches Dasein haben und binnen weniger Tage zerstört sein. Steht der Komposthaufen im Auslauf, wird er bevorzugtes Ausflugsziel der Hühner sein, bei ungenügender Sicherung ist er schnell im ganzen Auslauf verteilt. Denkbar ist ein großes rechteckiges Lattengerüst, etwa 50 cm hoch, in dem eine geringe Menge halbgarer Kompost ausgebreitet wird. Darin können sich die Hühner dann sorglos austoben, und der Kompost wird gleich noch mit Hühnermist angereichert. Ab und zu muß er natürlich ausgewechselt werden.

Wahlweise nach zwei Seiten zu öffnende Auslaufluke zur Vermeidung von Zugluft.

Eine überdachte Sandkiste, möglichst im Schatten, dient als Staubbad. Zur Ungezieferbekämpfung wird Holzasche untergemischt.
10 Hühner und ein Hahn benötigen eine Auslauffläche von 150–200 m^2.

Gänse

Geschichte und Verhalten

Graugans, Bläßgans, Schwanengans und Nilgans sind die Vorfahren unserer Hausgänse. Ostasien, Europa, Griechenland und Ägypten ist ihre Heimat. Drei- bis viertausend Jahre v.Chr. wurden sie schon als Haustiere gehalten. Bei den Griechen galten sie als Fruchtbarkeitssymbol, und bei den Römern waren sie der Inbegriff der Wachsamkeit, nachdem sie durch ihr lautes Geschrei einen nächtlichen Angriff der Gallier auf das römische Kapitol vereitelt hatten. Durch die lange Zeit der Domestikation hat auch die Hausgans nur noch Überreste des Verhaltens ihrer wilden Vorfahren beibehalten, ihr Aussehen aber nur wenig verändert. So kommt es, daß sie ihren ehemaligen Ruf als kluge Gans gegen den der dummen Gans eingetauscht hat, woran aber in erster Linie ihre fast unerschütterliche Sturheit bzw. ihre starren Verhaltensmuster schuld sind.

Als Verständnishilfe für das Verhalten der Hausgänse soll hier ein kurzer Überblick über das Leben der Graugänse erfolgen, da deren Verhalten von Konrad Lorenz sehr gründlich erforscht wurde. Sein auch für Laien verständliches Buch »Das Jahr der Graugans« gibt einen ausführlichen Einblick.

Die Gans als ausschließlicher Vegetarier ist ein Weide- und Wassertier, die Graugans zudem ein Zugvogel, der alljährlich viele hundert Kilometer zurücklegt.

Geruchs- und Geschmackssinn sind etwas besser als beim Haushuhn ausgeprägt, aber auch bei der Gans hat der Tastsinn Vorrang. Geruchswahrnehmungen werden meistens von Kopfschütteln begleitet. Mit ihren auf die Ferne eingestellten, scharfen Augen kann die Gans auch sehr weit entfernte Dinge noch sehr gut erkennen, wobei der lange Hals sehr von Vorteil ist. Offene Weideflächen werden bevorzugt. Bewachsene und unübersichtliche Randgebiete machen sie mißtrauisch, und enge, nicht überschaubare, evtl. zudem unbekannte Wege werden um keinen Preis benutzt. Auch Hausgänse registrieren sofort die kleinste Veränderung in ihrer Umgebung und weigern sich z.B. beharrlich, einen Stallgang zu betreten, wenn dort zufällig ein Eimer steht, der am Vortag noch nicht dort gestanden hat.

Ihr Gehör ist fast so gut entwickelt wie das des Waldkauzes. Der Schnabel eignet sich sowohl zum Weiden als auch zur Körner- und Schrotaufnahme sowie zum Beknabbern von Obst, Gemüse und anderen Futterbrocken.

Die Körpertemperatur beträgt wie beim Huhn 40–43°C. Hitze wird besonders von den sich langsam befiedernden Jungtieren (5.–6. Woche) als unangenehm empfunden, ausgewachsene Gänse sind fast völlig kälteunempfindlich.

Die Vielfalt der Verständigungsmöglichkeiten mit der Stimme, wie sie das Huhn besitzt, hat die Gans nicht. Trotzdem sind auch hier die sogenannten »Stimmfühlungslaute« für das Zusammenleben der Tiere von entscheidender Bedeutung. Das Gössel nimmt schon Kontakt mit der Mutter auf, wenn es noch im Ei steckt. Ist das Ei ausgekühlt oder liegt es nicht richtig, läßt das Gössel das klägliche »Pfeifen des Verlassenseins« – viele Pieptöne hintereinander – hören. Ist dann alles wieder in Ordnung und die Mutter hat geantwortet, dann »grüßt« es, wie Lorenz es nennt, mit Piepsen im Zweierrhythmus. Auch verständigen sich die Gössel untereinander während der Schlupfphase, allerdings weniger intensiv als die Hühnerküken. Während des Schlupfes wird durch die stimmliche Kontaktaufnahme zwischen Gösseln und Gans verhindert, daß die Gans die Eierschalenränder beknabbert, was sie sonst leidenschaftlich gerne tut.

Oben: Nur wenn sie Zugang zum Wasser haben, fühlen sich Enten und Gänse richtig wohl.
Unten: Diepholzer Gänse, die zur Daunengewinnung vor kurzem gerupft worden sind.

Gössel sind Nestflüchter. Zwar sind sie kurz nach dem Schlupf noch recht schwach und sehen ziemlich zerzaust aus, aber wenige Minuten später reagiert das Gössel schon auf die Laute der Mutter mit Kopfhochheben und Halsvorstrecken, wobei es die grüßenden Wi-Laute hören läßt. Bei den Graugänsen erscheint nun auch der Ganter rechtzeitig nach dem Schlüpfen. Die ganze Zeit hat er das Nest nur aus größerer Entfernung bewacht, um den Brutplatz nicht durch seine Anwesenheit zu verraten. Aber jetzt ist seine Anwesenheit wichtig, denn nach wenigen Stunden werden die Gössel den ersten kleinen Ausflug mit der Mutter unternehmen, und der Ganter sichert die Familie vor Feinden. Außerdem ist es wichtig, daß die Gössel jetzt seine Bekanntschaft machen, da sie nun in der schon bei den Hühnern beschriebenen Prägungsphase sind. Diese sensible Periode ist bei den Gänsen viel stärker ausgeprägt, bei Wildgänsen noch mehr als bei Hausgänsen. Wer zuerst mit den Gösseln Kontakt hat, wobei die Stimme und das Aussehen des Gegenübers sich unauslöschlich ein»prägen«, der wird für alle Zeit »Mutter« und Zufluchtsort sein.
Bald nach dem Schlupf verliert das Gössel sein »nasses« Aussehen, da sich die Hornscheiden, in denen die Flaumhaare verpackt sind, ablösen. Kaum, daß die Kleinen laufen können, beginnen sie auch schon mit der Futtersuche. Ihr Dottersack gibt ihnen zwar genügend Nahrung für die ersten zwei Tage, aber bis dahin müssen sie durch Ausprobieren und Lernen von den Eltern wissen, was eßbar ist und was nicht. Typisch sind die Zupfbewegungen, wobei sie alles Erreichbare mit dem Schnabel packen und unter der Heftigkeit der Zupfbewegungen noch des öfteren das Gleichgewicht verlieren und hinplumpsen. Wenn die Gössel gewärmt werden wollen, schlüpfen sie von hinten unter das Gefieder der Mutter und geben dabei leise Triller von sich, den sogenannten Schlaflaut.
Schon nach drei bis vier Tagen unternimmt die Familie ausgedehnte Wanderungen, möglichst in Teich- oder Bachnähe, denn das Wasser ist Zufluchtsort vor Freßfeinden. Hier zeigt sich am deutlichsten die Zweckmäßigkeit der in der Prägungsphase entwickelten Nachfolgereaktion, durch die die Gössel ihren Eltern bedingungslos überallhin folgen.
Der Gösselflaum ist wasserdicht, da sich die Gössel durch das Reiben am Gefieder der Mutter elektrostatisch aufladen. Erst das richtige Gefieder, das mit fünf bis sechs Wochen zu wachsen beginnt, wird durch das Fett der Bürzeldrüse am Schwanzende eingefettet, indem die Tiere das Fett von dort mit Hals, Kopf und Schnabel über das Gefieder verteilen.
Innerhalb der ersten zwölf Tage kommt es zu plötzlichen und heftigen Raufereien der männlichen Gössel unterein-

Oben: Wenn Gänse nicht hinter Zäunen gehalten werden, wissen sie recht bald, wohin sie zu Futter- und Wasserplätzen gehen müssen.
Unten: Die Warzen- oder Flugente wird gerne gehalten, da sie nicht laut quakt, sondern nur heiser krächzen kann.

ander, die dabei die gleichen Verhaltensmuster wie erwachsene Ganter im Kampf zeigen. Die Eltern verhalten sich während dieser Auseinandersetzungen passiv, sie bieten nur im Kampf Unterlegenen Unterschlupf. Damit sind dann die Rangordnungskämpfe bis zur Geschlechtsreife beendet.

Die Gössel werden sehr schnell selbständig und übernehmen schon bald die »Führung« bei Ausflügen. Sie weigern sich z.B. beharrlich, einen Platz zu verlassen, der ihnen besonders zusagt, und weinen dabei laut, so lange, bis die Eltern eben nachgeben. Gegenüber Feinden – und seien es nur ein paar andere Gänsefamilien, die sich dem Familienterritorium nähern – fallen die Gössel, wenn sie drei Tage alt sind, mit den Eltern in deren Zisch- und Drohlaute ein und übernehmen auch ganz selbstverständlich deren Rangordnung innerhalb der Herde.

Die Gans steht in der Rangfolge immer auf der gleichen Stufe wie ihr Ganter, und die Verteidigungsbereitschaft und Aggressivität der Elterntiere wächst mit der Anzahl ihrer Gössel, wobei der Ganter angriffslustiger ist als die Gans. Gänse ohne Ganter verteidigen ihre Gössel kaum oder gar nicht. Dafür kann es geschehen, daß ein Junggeselle sich der Gössel annimmt und von nun an mit der Gans die Gössel großzieht.

Die gesamte Gänseherde wird übrigens meistens von einem Ganter, dem größten und stärksten, geführt. Er muß allerdings nicht ständig um seine Position kämpfen, sondern wird von den anderen in seiner Stellung anerkannt. Nur zur Balzzeit können sich Veränderungen ergeben.

Zur Drohung heben die Gänse den Kopf, strecken den Hals weit nach vorn und fixieren ihr Gegenüber mit den Augen, wobei sie laut zischen und mit den Flügeln schlagen. Wer sich unterwirft, duckt den Kopf, zieht den Hals ein, wendet den Blick ab und versucht, seitlich auszuweichen.

Unverheiratete Familienangehörige, z.B. die Geschwister der Eltern, schließen sich häufig der gösselführenden Familie an und verteidigen mit den Eltern gemeinsam die Gössel gegen Feinde. In bedrohlichen Situationen schließen sich auch mehrere Familien zusammen, nehmen alle Gössel in die Mitte und umstellen ihre Brut im Kreis, während sie mit Zischen, Schreien und Flügelschlagen den Feind abwehren, was selbst auf größere Raubtiere sehr beeindruckend wirkt. Auch Hausgänse, allen voran der Ganter, greifen jeden Gegner an, besonders wenn sie Gössel führen. Je mehr die Jungen dem Gösselalter entwachsen, um so enger schließen sich die einzelnen Familien dann wieder zu einer Herde zusammen.

Mit etwa fünf bis sechs Wochen, wenn den Gösseln das Konturgefieder wächst und sie in den Stimmbruch kommen, wird aus den Wi-Lauten ein Schnattern. Der Wi-Laut und später das Schnattern mit vorgestrecktem Kopf dient der Begrüßung. Ohne diese Körperhaltung sind es »Stimmfühlungslaute« in der Gruppe, was man auch als allgemeines Plappern bezeichnen könnte, um sich eine gemeinsame wohlige Gruppenstimmung mitzuteilen. Die Eltern gehen jetzt in die zweite Mauser und können nicht mehr fliegen. Doch bis die Jungtiere im Alter von acht bis zehn Wochen das Fliegen üben (mit zehn Wochen ist das Gefiederwachstum abgeschlossen; die Flügelspitzen kreuzen sich dann über dem Rücken), sind die Schwungfedern der Eltern so weit nachgewachsen, daß sie die jungen Tiere beim Fliegen führen können, da diesen noch die nötige Erfahrung fehlt. Auch die Hausgänse, besonders die leichten Rassen und die Jungtiere, fliegen noch gern, wenn auch lange nicht mehr so ausdauernd und hoch wie Graugänse. Morgens, nach Sonnenaufgang, wenn der Gänsetag beginnt, fliegen sie gern eine Ehrenrunde auf der Weide, und das gleiche wird kurz vor der abendlichen Heimkehr zum Stall wiederholt. Alttiere und schwere Rassen sind dazu allerdings wegen ihres hohen Gewichts nicht mehr in der Lage.

Im Tagesablauf spielt die mittägliche Pause mit ihrem Komfortverhalten eine wichtige Rolle: Es wird ausführlich gebadet. Die schwimmenden Gänse tauchen den Hals tief ins Wasser, richten sich ruckartig wieder auf und lassen so das Wasser genüßlich über den Rücken ablaufen. Tauchen und mit den Flügeln schlagen gehört auch dazu. Danach beginnt an Land die ausgiebige Gefiederpflege, Beine und Flügel werden entspannt gestreckt, und nach einer Weile leitet leises Geschnatter das Mittagsschläfchen ein.

Als Nahrung werden süße, zarte Gräser bevorzugt, die zusammen mit reichlich aufgesammelten Magensteinchen (sie werden schon vor dem ersten Weidegang am Morgen gierig geschluckt) in den Kropf wandern.

Das Orientierungsvermögen der Gänse ist sehr gut. Zugvögel können nicht ohne dieses überleben, aber auch Hausgänse wissen sehr schnell, wo ihre Weide ist, und legen nach anfänglicher Führung durch den Menschen auch große Strekken bald alleine zurück. Abends kehren sie selbständig wieder heim – vor allem, wenn dort etwas Hafer (ihr Lieblingsgetreide) auf sie wartet. Steinige Wege sollten den sehr empfindlichen Füßen aber erspart bleiben. Im Herbst setzt bei den Graugänsen der Wandertrieb ein, mit großen Formationsflügen zur Einstimmung. Im zeitigen Frühjahr beginnt die Balz. Ganter und Gans unterscheiden sich äußerlich kaum, jedoch ist die Stimme des Ganters etwas höher. Junggesellen, die mindestens zwei Jahre alt sind, verlieben sich dann in eine Gänsedame einer anderen Familie (bei Wildgänsen wird nie in die eigene Familie eingeheiratet) und machen dieser Auserwählten erst einmal von weitem den Hof, indem sie sie ständig aus der Ferne begucken und eine etwas eigentümliche Körperhaltung einnehmen. Der Hals wird in einer S-Kurve vor dem Körper hergetragen, und alle Bewegungen scheinen wie in der menschlichen Pantomime überzeichnet. Die Gänsedame lebt zu diesem Zeitpunkt noch bei ihrer Familie und verhält sich dem Partner gegenüber sehr scheu. Nach einer Weile wird dieser aber mutiger und nähert sich ihr immer mehr, wobei er nichts unterläßt, um aufzufallen. Ständig fliegt er vor ihr hin und her, übertreibt Start- und Landemanöver und greift schließlich völlig Unbeteiligte an. Nach siegreichem Kampf kehrt er dann mit lautem Tri-

umphgeschrei zu ihr zurück und hofft auf ihre Zustimmung. Zuerst wird sie – so sie Gefallen an ihm findet – nur leise zurückschnattern. Fällt sie aber später einmal in sein Triumphgeschrei ein, dann gelten die beiden Jungtiere als vermählt. Die Ehe ist damit lebenslänglich gültig.
Bei der Begattung schwimmen beide Ehepartner nebeneinander her und tauchen, abwechselnd und immer schneller werdend, den Hals ins Wasser. Dann duckt sich die Gans tief ins Wasser, und der Ganter kann aufsteigen. Anschließend stimmt er wieder ein Triumphgeschrei an und schwimmt mit hoch emporgerecktem Hinterteil und stolz geschwungenem Hals um seine Gefährtin herum.
Nachdem die beiden Neuvermählten ihre Ehe mit einem lauten Triumphgeschrei besiegelt haben, bleiben sie zusammen, suchen sich gemeinsam einen Brutplatz und ziehen gemeinsam die Gössel auf.

Das Verhalten der Hausgänse ist längst nicht mehr so differenziert wie das ihrer wilden Verwandten. Einige Verhaltensweisen gingen ganz verloren, andere wurden enorm verstärkt. So wird die Einehe nicht mehr strikt eingehalten. Bei den Hausgänsen wird meist ein Ganter mit drei bis fünf Gänsen gehalten. Doch kommt es auch hier noch vor, daß ein Ganter eine Gans bevorzugt, so daß die Eier der anderen Gänse unbefruchtet bleiben. Eine Aufteilung der Herde in Familienverbände ist aber auch hier noch zu erkennen. Insgesamt ist durch die Haustierhaltung die sexuelle Aktivität oft während des ganzen Jahres vorhanden, wodurch natürlich die Begattung eine viel stärkere Rolle im Zusammenleben spielt. Dagegen ist die Balz nur noch in Ansätzen erkennbar. Die Gänse sind bereits mit einem Jahr fortpflanzungsfähig, obwohl die Befruchtung, das Brüten und die Aufzucht bei älteren Tieren besser verlaufen.
Der Hausganter beginnt mit Imponiergehabe, auf das die Hausgans interessiert reagiert. Nun bringt er ihr einen – oft nur symbolischen – Futterbrocken, die Gans hebt ebenfalls irgend etwas vom Boden auf, die Halsbewegungen werden schneller, bis sich beide gegenseitig die Hälse auf die Schultern legen und mit dem Schnabel im Gefieder kraulen, während sie sich im Kreis bewegen. Anschließend duckt sich die Gans hin, und der Ganter besteigt sie, wobei er sich mit dem Schnabel an ihrem Kopf festhält.
Im Wasser wird die Begattung durch Schnabeleintauchen ausgelöst. Währenddessen steht oder schwimmt die übrige Gänseschar laut schnatternd um die beiden herum. Manchmal versuchen sich einige der Zuschauer an der Begattung zu beteiligen, teilweise besteigen sich die weiblichen Tiere in der Aufregung gegenseitig.
Der Ganter hat einen schlauchartigen Penis, der in einer Hautfalte der Kloake spiralenförmig zusammengerollt ist. Nach einer Begattung an Land ist er noch einen kurzen Augenblick zu erkennen. Wie bei allem männlichen Geflügel sitzen die beiden Hoden in der Bauchhöhle.
Das Nist- und Brutverhalten der Hausgänse ähnelt noch sehr dem der Wild-

gänse: Kurz vor Legebeginn häuft die Gans Nistmaterial um sich herum auf und baut oft noch während der Brut weiter am Nest, das sie mit ausgerupften Bauchfedern auspolstert. Wenn die Gans das Nest verläßt, um Futter aufzunehmen, zu koten, zu trinken und zu baden, bedeckt sie die Eier sorgfältig mit Nistmaterial. Da die Eier mehrmals täglich angefeuchtet werden müssen, was sinnvollerweise durch das nasse Gefieder der Gans geschieht, ist eine Badegelegenheit sehr wichtig. Bei der Rückkehr zum Nest rollt die Gans die Eier vorsichtig mit dem Schnabel unter ihren Bauch. Bei Hausgänsen muß darauf geachtet werden, daß die Eier auch wirklich mehrmals täglich auskühlen, befeuchtet und gerollt werden. Da diese Verhaltensweisen angeboren sind, ist die Zuverlässigkeit beim Brüten sehr von der Rasse, aber auch von den Haltungsbedingungen abhängig.
Hausgänse können über 40 Jahre alt werden. Mit 12 bis 14 Monaten ist der Ganter geschlechtsreif, und mit 280–300 Tagen beginnt die Gans zu legen (durchschnittlich 20–60 Eier). Bei Hausgänsen mit Legeperioden im Frühjahr und im Herbst ist die Legeleistung zwar höher, aber erstens ist es problematischer, die Herbstgössel aufzuziehen, und zweitens leidet darunter dann meistens die Legefähigkeit im nächsten Frühjahr.
Da Gänse in starkem Maße trauern, wenn sie ihren Partner bzw. ihre Familie verlieren, ist unbedingt darauf zu achten, daß alle Tiere, außer dem ausgewählten Zuchtstamm, möglichst gleichzeitig geschlachtet werden.

Rassen und Kauf

Es gibt nur wenige Gänserassen, die sich hauptsächlich im Gewicht unterscheiden, wobei die Fähigkeit zur Brut und Aufzucht der Gössel unterschiedlich erhalten ist. So ist es eigentlich sinnvoller, von verschiedenen Schlägen zu sprechen, die sich vor allem in einzelnen Landstrichen Europas herausgebildet haben.
Die graubraune oder graublaue Toulouser Gans aus Frankreich wurde schon im 14. Jahrhundert hauptsächlich für die Stopflebererzeugung gezüchtet. Dieses Gänsestopfen oder »Nudeln« ist wegen seiner tierquälerischen Haltung und Fütterungsart heute in Deutschland verboten. Als Weidegans ist sie wegen ihres massigen Körperbaus, der sie am Laufen hindert, wenig geeignet. Auch ist es nicht einfach, diese Gänserasse zu vermarkten, da die meisten Verbraucher keine Riesengans mit schweren Knochen wollen, die durch den hohen Futterverbrauch letztendlich auch einen wesentlich höheren Verkaufspreis erzielen muß. Allerdings gibt die Toulouser Gans auch reichlich Federn. Über ihre Brutzuverlässigkeit gibt es geteilte Ansichten. Sicher hängt das auch mit dem Alter zusammen, da diese Gans erst mit zwei Jahren ausgewachsen ist. Darum für die Zucht nur ausgewachsene Tiere verwenden! Ganter und Gans sollten mindestens zwei Jahre alt sein. Auch ist es besser, hier nur eine Gans mit einem Ganter zusammenzulassen, da der Ganter durch sein Gewicht ziemliche Schwierigkeiten beim Tretakt hat. Tiefes Wasser ist zur Begattung unbedingt

notwendig. Der Ganter wiegt ca. 10–15 kg, die Gans bringt 9–12 kg auf die Waage und legt bis zu 40 Eier à 200 g. Typisch für diese Gänserasse sind eine große, befiederte Kehlwamme und eine Bauchwamme, die bis auf den Boden reicht. Unter Liebhabern erzielen Gössel und Alttiere hohe Preise, da die Tiere durch ihr stattliches Äußeres sehr beeindruckend wirken. Ein Zuchtpaar im Alter von drei Jahren kostet 150,– bis 160,– DM, für Gössel zahlt man je nach Alter zwischen 15,– und 40,– DM.
Die weiße Emdener Gans, in die die Toulouser Gans eingekreuzt wurde, stammt aus Ostfriesland und wird ebenfalls sehr schwer. Brut und Aufzucht machen häufig Probleme, da diese Triebe den Emdener Gänsen fast völlig fehlen, obwohl die Gans bis zu 70 Eier à 170 g legt. Aufgrund ihres hohen Gewichts gilt für die Vermarktung und Befruchtung das gleiche wie für die Toulouser Gans. Der Ganter wiegt etwa 11–12 kg, die Gans 10–11 kg. Die Gössel haben anfangs noch ein graugescheckte Gefieder, nur die männlichen Gössel sind reinweiß. Der Kaufpreis für ein Zuchtpaar liegt bei etwa 100,– DM, für die Gössel zahlt man je nach Alter 15,– bis 30,– DM.
Die reinweiße, gescheckte oder graue Pommerngans gehört zwar auch noch zu den schweren Rassen, doch liegt hier das Gewicht des Ganters bei 7–8 kg, die Gans wird 5–7 kg schwer. Typisch sind ein starker Fleischansatz an Brust und Schenkeln, die früher geräuchert eine bekannte Delikatesse waren. Aufgrund geringerer Einkreuzungen hat dieser Gänsetyp seinen Brut- und Aufzuchttrieb recht gut erhalten, und die Gössel sind relativ wetterunempfindlich. Die Gans brütet außerdem relativ spät im Frühjahr, was die Aufzucht ebenfalls erleichtert. Bis zu zwei Gelege von je 10–15 Eiern (oft werden noch mehr Eier gelegt) mit einem Eigewicht von ca. 180 g brütet die Gans aus. Die Preise liegen ähnlich wie bei der Emdener Gans.
Die in Sibirien, China und Japan beheimatete Höckergans kam etwa im 18. Jahrhundert nach Europa. Typisch sind ein Stirnhöcker, der mit dem Alter wächst, sowie ein graubrauner Aalstrich (Gefiederstreifen) vom Kopf bis zum Rücken. Das Gewicht liegt bei etwa 4–6 kg, wodurch die Gans ein sehr bewegliches und gutes Weidetier ist. Bis zu zwei Gelege à 15 Eier (Gesamtlegeleistung bis zu 80 Eier) brütet sie zuverlässig aus, und die Gössel sind sehr wetterunempfindlich. Die Fleischqualität wird sehr gelobt.
Ähnlich steht es um die Diepholzer Gans (reinweiß), die ebenfalls eine lebhafte Weidegängerin mit sehr bescheidenen Futteransprüchen ist. Obwohl Brut- und Aufzuchttrieb gut erhalten sind, kann die Tatsache, daß sie oft schon im Oktober brütet, für die Aufzucht problematisch werden. Die Gössel sind zwar »wetterhart«, aber die Weide dürfte zu dieser Zeit sehr mager sein. Weitere zwei bis drei Bruten können bis zum Frühjahr folgen, was allerdings nur der Fall sein dürfte, wenn die vorherigen Gelege weggenommen werden.
Die weiße Lockengans kommt aus dem Südosten Europas. Ihr Gefieder, besonders am Rücken, ist gekräuselt. Sie wird hauptsächlich von Liebhabern gehalten, da die Aufzucht der Gössel durch die

langsame Befiederung recht aufwendig ist. Ihr Gewicht liegt bei 4–5 kg.
Zur Gänsemast eignen sich aber auch die von Geflügelbetrieben erhältlichen sogenannten Landrassen. Je nach Alter kosten die Gössel dann zwischen 5,– und 12,– DM. Dabei ist zu empfehlen, es anfangs mit etwa drei Wochen alten Tieren zu versuchen, da die Gössel in diesem Alter kaum noch krank werden. Ansonsten gilt, was auch schon im Kapitel Hühnerkauf gesagt wurde.

Brut und Aufzucht

Von der Erbrütung der Gänseeier durch Hühnerglucken, Puten oder Enten sollte man lieber absehen. Sie wird zwar hier und da praktiziert, birgt aber eine ganze Menge Komplikationen:
1. Weder Hühnerglucke noch Pute befeuchten die Eier.
2. Die Hühnerglucke kann die Eier auch kaum häufig genug und richtig wenden, da sie ihr oft zu schwer sind.
3. Die Brutdauer ist länger als beim Huhn und teilweise auch länger als bei der Pute.
4. Die Gänseeier müssen mehrmals täglich und für längere Zeit gekühlt werden.
5. Enten sind oft noch viel unzuverlässigere Brüterinnen als Gänse.
Bei der Aufzucht gibt es Probleme durch das unterschiedliche Verhalten der Geflügelarten:
1. Hühnerglucken regen sich entsetzlich auf, wenn die Gössel ins Wasser wollen, Puten wollen auch nichts vom Wasser wissen. Die Gans aber sucht das Wasserufer zur Aufzucht.
2. Hühner, Puten und Enten sind keine Vegetarier, da aber die Gössel von den Eltern lernen, kommt es zu erheblichen Mißverständnissen.
3. Hühnerglucken scheuen offenes Gelände, Gössel wollen aber auf eine überschaubare Weide.
4. Die bei Gösseln sehr intensive Prägung auf ihre »Mutter« kann zu Fehlprägungen führen, die ihr ganzes späteres Leben durcheinander bringen.
5. Die Körper- und Lautsprache sowie das soziale Verhalten der verschiedenen Arten unterscheiden sich erheblich.

Hat man also ein Gänsepaar, das unzuverlässig brütet, ist es schon besser, die Eier bei einer Lohnbrüterei ausbrüten zu lassen (Adressen beim nächsten Geflügelzuchtverein) und sie anschließend den Gänseeltern zur Aufzucht zu überlassen. Gänse adoptieren häufig andere Gössel auch anderer Rassen und auch, wenn die Gössel schon älter sind, da sie in Familienverbänden »organisiert« sind. Das Zuchtpaar sollte mindestens zwei Jahre, bei schweren Rassen besser drei Jahre alt sein. Zuchtgänse werden mit acht bis zehn Jahren, die Ganter etwa mit fünf Jahren ausgewechselt. Da die Tiere sich aneinander und an die neue Umgebung gewöhnen müssen, werden die Zuchtstämme im Herbst zusammengestellt. Die Zuchtgänse müssen beringt werden, damit sie im nächsten Herbst nicht mit den Schlachtgänsen verwechselt werden können.
Bei leichten Rassen genügt ein Ganter für zwei bis vier Gänse. Je nach Rasse legen die meisten Gänse ihre Eier zwischen Februar und April. Die Brutdauer

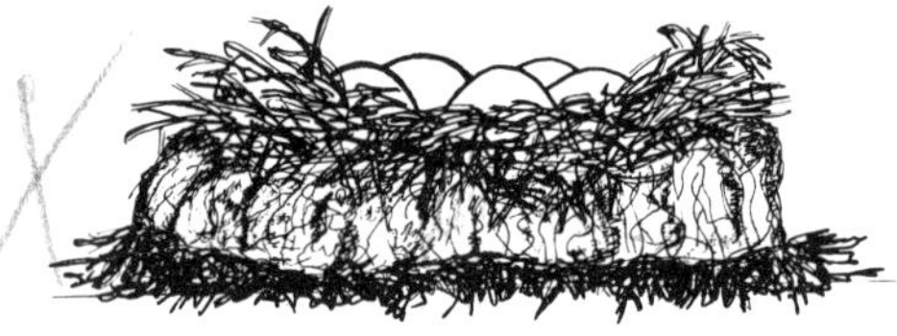

Brutnest für Enten und Gänse aus einer umgedrehten Grassode und Heu- oder Strohauflage.

beträgt zwischen 28 und 32 Tagen. Das Nest wird ganzjährig im Gänsestall untergebracht und durch eine Trennwand vom nächsten Nest abgeteilt, so daß jede Gans in Ruhe für sich legen und brüten kann. Ein Grassodenstück, mit den Wurzeln nach oben in das Nest gelegt, dient als federnde Unterlage für reichlich Stroh. Das Nest wird durch einen Holzrahmen (80 x 80 cm) zusammengehalten. Backsteine als Nestumrandung sind eine Notlösung, da sich die Tiere ihre empfindlichen Füße an den Kanten verletzen und die geschlüpften Gössel zwar aus dem Nest herausplumpsen können, aber von allein nicht wieder hineinkommen. Darum sollte auch die Holzumrandung später an einer Seite zur Hälfte heruntergeklappt werden können. Der Grassoden ist wichtig, da das schwere Gewicht der Gans sonst mit der Zeit das Stroh auseinanderdrückt und die Eier dann direkt auf dem Boden liegen und zerdrückt werden können.

Das erste Ei wird mit einem Stift gekennzeichnet und im Nest belassen, da es meistens unbefruchtet ist, die Gans aber mindestens ein Ei im Nest braucht, um nicht das Nest zu wechseln. Die hinzugelegten Eier werden mit dem Legedatum und dem Namen der Gans versehen (Bleistift! Tinte oder Filzstift ziehen in die Schale ein), kühl (10–14 °C), bei guter Luftfeuchtigkeit (75%) gelagert und täglich gewendet. Für die Auswahl der Bruteier gilt das gleiche, wie es bereits im Kapitel Hühner ausgeführt wurde.

Wenn die Gans immer länger auf dem Nest bleibt und es mit ausgerupften Bauchfedern auspolstert, beginnt die Brütigkeit. Zuerst gibt man ihr jetzt die älteren Eier, einen Tag später die restlichen ins Nest. Die Eier sollten möglichst nicht älter als 14 Tage sein. Man gibt ihr so viele Eier, wie sie bedecken kann, das werden etwa 10–15 Stück sein.

Am 9. oder 10. Tag nach Brutbeginn wird geschiert, vorher kann man nur wenig erkennen. Um den 20. Bruttag wird dann noch einmal geschiert. Während der Brut muß darauf geachtet werden, daß die Gans auch wirklich mehrmals täglich das Nest verläßt, badet, die Eier befeuchtet und wendet. Auch wenn die Gans etwas länger als eine halbe Stunde

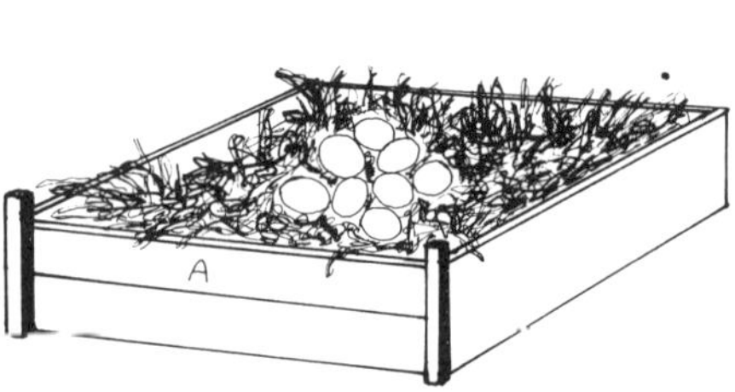

Brutnest für Enten und Gänse mit Lattenrahmen, der verhindert, daß Eier aus dem Nest rollen. Nach dem Schlupf der Gössel wird die Latte A entfernt, damit diese das Nest verlassen können.

wegbleibt, schadet das den vorher von ihr sorgfältig mit Nistmaterial zugedeckten Eiern nicht.
Die Kontrolle des Geleges kann recht strapaziös werden, wenn der Ganter das von der Gans verlassene Nest bewacht. Man versucht am besten, ihn mit Hafer vom Nest wegzulocken. Entnimmt man dem verlassenen Nest die Eier zum Schieren, wird unbedingt die Stalltür geschlossen, denn sonst kommt die Gans doch noch dazwischen und regt sich furchtbar auf, oder man kommt zu spät zurück und kann der schon auf dem Nest sitzenden Gans die Eier nicht mehr unterlegen, weil sie sich heftig gegen jede Annäherung wehrt.
Zwischen dem 28. und dem 32. Tag, manchmal noch später – je nach Alter der Eier –, sind die ersten Eier angeknackst. Bis zu 24 Stunden kann es dann vom ersten Loch in der Schale bis zum Schlupf dauern. In Ausnahmefällen, wenn es nach 24 Stunden nicht weiter vorangeht, besprüht man diese Eier mit lauwarmem Wasser, was den Schlupf erleichtert. Die bereits geschlüpften Gössel werden auf keinen Fall der Mutter weggenommen, bis die Nachzügler es geschafft haben. Die Gössel müssen bei ihrer Mutter bleiben. Wurden zu wenige Eier befruchtet, ist es allerdings meist kein Problem, der Gans noch andere Gössel abends unterzuschieben, die aber sinnvollerweise das Alter der eigenen Gössel haben sollten. Der Dottersack der Gössel ist Proviant für zwei Tage – Wasser und Weide müssen aber vorhanden sein. Sehr wichtig ist viel trockene Einstreu. Das ist gar nicht so einfach, da die Gänse ständig große Mengen sehr feuchten Kots fallen lassen. Am besten wird abends auf die alte Einstreu reichlich Stroh geschüttet und einmal die Woche entmistet. Mehr braucht aber für die Aufzucht der von ihrer Mutter geführten Gössel nicht getan werden. Etwas aufwendiger ist da schon die Aufzucht mutterloser Gössel: In einem abgetrennten, warmen und trokkenen Abteil des Stalles, möglichst mit viel Sonnenlicht und noch mehr Einstreu, die unbedingt trocken sein muß, werden die Gössel die ersten Tage untergebracht. Dieser Zeitraum hängt allerdings sehr vom Alter der Tiere und vom Klima ab. Im Stall werden zumindest nachts Infrarotlampen eingeschaltet – je nach Größe der Tiere eine Lampe auf etwa sieben bis zehn Tiere. Die Stallecken werden abgerundet, entweder mit dicker Pappe oder mit Stroh, damit sich die Gössel in den Ecken nicht erdrücken. Die Beobachtung wird zeigen, ob genügend Wärmequellen vorhanden sind. Legen die Gössel sich übereinander, werden sie sich erdrücken und haben also nicht genügend Platz unter den Lampen. Liegen sie entspannt und leise zwitschernd unter den Lampen, dann ist alles in Ordnung.
Als Richtschnur für die Stallwärme können folgende Zahlen gelten:
1.–3. Tag: 30 °C
bis 7. Tag: 28 °C
bis 12. Tag: 26 °C
bis 18. Tag: 24 °C
bis 21. Tag: 20 °C
danach genügen 18 °C
Ab der 5. bis 6. Woche, wenn das Gefieder wächst, brauchen die Tiere, außer bei sehr kaltem Wetter, keine Wärme-

lampen mehr. Natürlich müssen die Tiere vor Zugluft geschützt werden. Ist der Stall recht groß, stapelt man Strohballen um das Gösselabteil, bei einem Kälteeinbruch empfiehlt sich auch eine teilweise Abdeckung von oben. Da die Gössel von Anfang an zupfen, werden Körbe mit Grünfutter in den Stall gehängt, sonst zupfen sich die Gössel gegenseitig aus Langeweile den Flaum aus. Bei sonnigem Wetter werden die Gössel an einer windgeschützten und gut bewachsenen Stelle des Auslaufs in einen möglichst großen, käfigartigen Auslauf gesetzt. Selbstverständlich muß der auch oben geschützte Auslauf mit zunehmendem Alter der Tiere vergrößert und öfter umgestellt werden.

Fütterung

In der ersten Woche fressen die Gössel noch sehr zögernd. Es wird so viel Futter gereicht, wie innerhalb von 10 bis 15 Minuten gefressen wird, wobei darauf zu achten ist, daß alle Tiere gleichzeitig fressen können. In der ersten Woche wird das Futter noch auf flachen Tellern gereicht. Die Tränke muß so tief sein, daß die Gössel den Kopf eintauchen können, sonst kann es zu Augenentzündungen kommen. Andererseits muß aber verhindert werden, daß die Gössel in die Tränke hineintreten können, da sonst im Nu das Wasser verschmutzt und über die Einstreu verteilt wird. Darum legt man entweder einen großen Blumentopf kopfüber oder einen großen Stein in das Wassergefäß. Noch besser ist es, wenn eine sogenannte

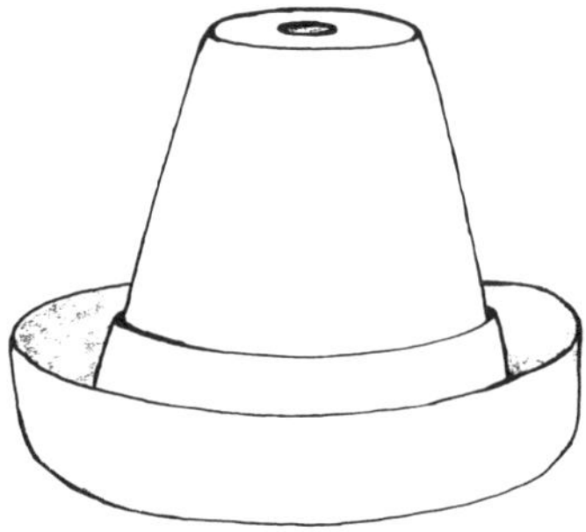

Einfache Tränke für Gössel und Entenküken.

»Stülptränke« für Gänse (Fachhandel) verwendet wird. Das Wassergefäß wird auf Backsteine gestellt, damit keine Einstreu hineinfällt und die Tiere es nicht verkoten können, trotzdem darf es aber auch nicht zu hoch stehen, damit die Gössel den Kopf noch eintauchen können. Das Gösselaufzuchtfutter muß evtl. vor den Alttieren geschützt werden. Später werden die Jungtiere getrennt gefüttert. Weichfutter verklebt den Gösseln den Schnabel und die Nasenlöcher, darum in den ersten Wochen besser nicht verfüttern, ein Großteil des Futters wird sonst wieder ins Trinkwasser gegurgelt, wo es säuert. Den Rest streifen die Tiere an ihrem Flaum ab, wo der Brei eintrocknet; später wird von den Gefährten daran herumgezupft, bis Kahlstellen entstehen.

Bei der Körnerfütterung muß bedacht werden, daß Hafer sehr gern, Weizen und Gerste mäßig und Roggen und Mais von Gänsen überhaupt nicht gefressen werden. Die Weide darf nicht zu hoch stehen, eventuell den ersten Schnitt abwarten. Der Umtrieb der Gänse auf ein anderes Weidestück muß erfolgen, bevor sie die Weide »abrasiert« haben, sonst wächst dort außer Gänsefingerkraut nichts mehr, und das fressen die Gänse nicht.

Ein Gössel frißt von Mai bis zur Schlachtreife im November etwa 10 kg Getreide, wenn ausreichend Weide vorhanden ist. Grundsätzlich ist eine junge Gans schon mit zehn Wochen schlachtreif, wenn sie entsprechend mit Hafer und Kartoffeln gemästet wurde. Von der 5. bis zur 9. Woche nimmt das Gössel dann täglich etwa um 80 g zu. Danach sind es noch etwa 15 g täglich bis zur 12. Woche. Erst mit der Geschlechtsreife nehmen die Tiere dann weiter zu. Das Fleisch ist bei 10 bis 12 Wochen alten Tieren sehr fettarm, allerdings werden sich zu dieser Jahreszeit (Juli) wenige Abnehmer finden.

Neben Hafer lieben Gänse geraspelte Mohrrüben, mit denen sie bei eigenem, preiswertem Anbau gefüttert werden können: 200 bis 300 g davon frißt eine Gans täglich. Neben Löwenzahn sind junge Brennesseln (sehr gehaltvoll!), Schachtelhalm und Möhrenkraut sehr beliebt.

Wenn die Jungtiere wegen schlechtem Wetter keinen Weidegang haben, werden Körbe mit Grünfutter und Salat- bzw. anderen zarten Gemüse- und Obstabfällen in Kopfhöhe der Gössel in den Stall gehängt.

Dies ist auch für die Nacht zur Vertreibung der Langeweile bei dem starken Zupfbedürfnis der Gössel von Vorteil!

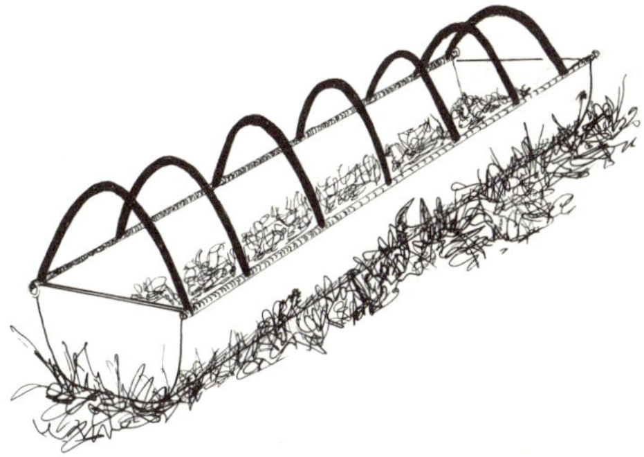

Futtertrog für Enten und Gänse; das Oberteil ist abnehmbar.

Geschützter Freßplatz für Küken und Gössel. Durch die Überdachung können die Alttiere nicht an das Jungtierfutter.

Zuchtgänse brauchen über die Sommermonate bei guter Weide kein Zusatzfutter.

Fütterungsvorschläge für Gössel
1. Woche: alle 2 Stunden füttern, also 6mal täglich:
gehackte Brennesseln, Löwenzahn, Spitzwegerich und ähnliches, Salatreste und zarte Gemüse- und Obstabfälle, hartgekochte, gehackte Eier, Brotwürfelchen in Magermilch (nicht zu oft – klebt!), Futterhaferflocken mit Hefeflocken und Futterkalk vermischt – alle zwei Tage geriebene Möhren und etwas Knoblauch untermischen;
Muschelkalk anbieten;
auch Sand und kleine Steinchen sind sehr wichtig, sonst kommt es zu gefährlichen Verdauungsstörungen;
2. Woche: 5mal täglich füttern;
3. Woche: 4mal täglich füttern wie oben, Keimgetreide zufüttern;
4. Woche: 4mal täglich füttern;
5. Woche: 3mal täglich füttern: keine hartgekochten Eier mehr, Grünfutter nicht mehr zerkleinern, nur noch 10–20% Haferflocken, statt dessen Keimgetreide füttern, 1mal pro Woche Möhren und Knoblauch untermischen;
6. Woche: 3mal täglich füttern;
7. Woche: 2mal täglich füttern:
keine Hefeflocken und Futterkalk, sondern Muschelkalk, keine Haferflocken, sondern Hafer und Gerste, evtl. gekeimt; gedämpfte Kartoffeln oder Topinambur können zugefüttert werden, Grünfutter nur noch auf der Weide;
8. + 9. Woche: 1mal täglich füttern.
Ab der 10. Woche bei gutem Weidegang höchstens noch etwas Hafer zufüttern.

Winterfütterung für Zuchttiere:
<u>morgens:</u> gedämpfte Kartoffeln oder Topinambur
<u>mittags:</u> Brennessel- oder anderes Heu in Hängekörben, frisches Grünfutter aus Haushaltsabfällen, trockenes, kleingehacktes Brot (ohne Schimmel!)
<u>abends:</u> Gerste, Hafer, evtl. gekeimt
Wasser, Muschelkalk (Grit), Sand und kleine Steinchen sollten immer bereitstehen. 1mal im Monat Möhren und Knoblauch unter die Kartoffeln mischen, etwa einen Monat vor Legebeginn mehr Keimhafer füttern. Wenn die Zuchtgänse zu fett werden, Kartoffeln, Getreide und Brot reduzieren.

Stall und Auslauf

Wichtig für die Gänsehaltung ist auf jeden Fall eine große Weide; ein Zuchtpaar mit Nachwuchs braucht 1500–2000 m². Auf einen Hektar rechnet man je nach Weidequalität 50 bis maximal 80 Tiere. Außerdem brauchen die Gänse für ihr Wohlbefinden (dazu gehört auch die Möglichkeit der Gefiederpflege) dringend sauberes Wasser, in das sie wenigstens bis zur Brust eintauchen können. Leichte Gänserassen, besonders im Jugendalter, können recht hoch fliegen. Für ausreichende Umzäunung muß also gesorgt sein, auch um Ärger mit den Nachbarn zu vermeiden, deren Einstellung zur Gänsehaltung ohnedies vorher geklärt werden sollte, da Gänse mit ihrer Stimmgewalt ein ordentliches Spektakel veranstalten können.
Auch Bäume als Schattenspender auf der Weide oder andernfalls Strohmatten

Gänse

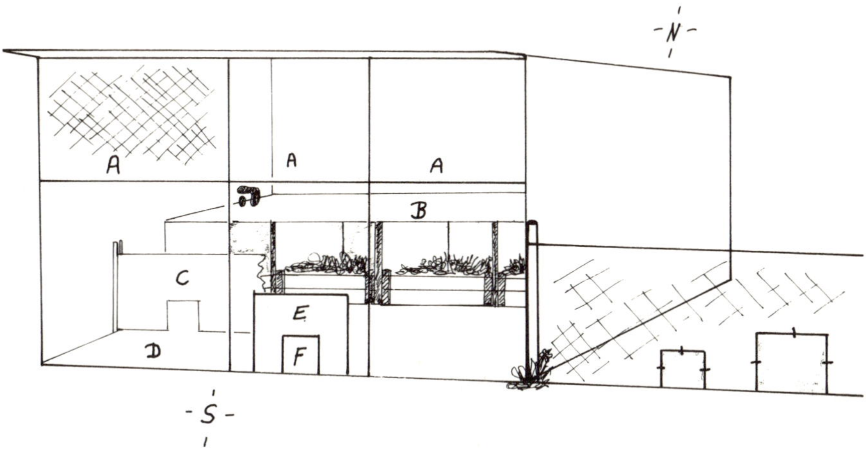

Stall für 3 Gänse und Ganter. A Fensterfront (im Sommer Drahtgitter), B Nester für Gänse und Ganter, C Trennwand mit Gösselschlupf, wird bei der Fütterung der Gössel vor das Nest gestellt, D befestigter Stallboden, im Winter eingestreut, E, F Auslaufluke mit Gösselschlupf.

müssen vorhanden sein, um die Tiere vor zu großer Hitze zu schützen. Aufgrund ihrer ausgezeichneten Orientierung laufen Gänse oft über einen Kilometer weit zu ihrem Weideplatz. Selbstverständlich darf so eine Wanderung ohne menschliche Führung nicht über eine öffentliche Straße führen. Außerdem sollte der Weg zur Weide, wenn möglich, nicht steinig sein, da es sonst leicht zu Fußverletzungen kommt, die nur schwer heilen, und das Tier bleibt dann im Wachstum zurück.

Die Weide darf nicht zu hoch im Wuchs stehen, sonst wird sie nur zertrampelt. Darum je nach Jahreszeit entweder den ersten Schnitt abwarten oder die Weide vorher durch Pferde, Kühe, Schafe oder Ziegen abweiden lassen. Die Gänse müssen öfter auf ein anderes Weidestück umgetrieben werden, sonst verbeißen sie die Grasnarbe, und das Gras wächst nicht mehr nach.

Gänse lieben das Licht und hassen feuchte Einstreu, auf der sie nicht einschlafen und schnell mit Durchfall reagieren. Auch vertragen sie keine Zugluft. Ansonsten stellen sie an den Stall keine Ansprüche und sind unempfindlich gegen Kälte.

Für den Stall genügen einfache Holzwände, doch sollte der Fußboden – wie bei den Hühnern – aus einem festen Fundament mit Ziegelsteinen bestehen. Durch engmaschige Drahtgitter werden Wände, Boden und Fenster vor Ratten, Mardern und anderen hungrigen Jägern geschützt. Die Decke soll so hoch sein, daß man im Stall stehend entmisten kann. Bei sehr hohen Decken in schon vorhandenen Ställen wird eine Zwischendecke eingezogen. Schweineställe eignen sich übrigens sehr gut als Gänsestall, da dann die Koben so aufgeteilt werden können, daß jedes Zuchtpaar einen Koben erhält, in dem es brüten und die Gössel aufziehen kann. Ansonsten genügen Trennwände von 1 m Höhe. Für den Stall rechnet man pro Gans 1/2 m^2, das ergibt bei 1 m^2 für die Eltern, 1 m^2 für das Nest und 7 m^2 für 10–15 Gössel also 9 m^2 pro Familienkoben. Das abgeteilte Nest (mindestens 80 x 80 cm) wird fest installiert, möglichst an einer halbdunklen Stelle des Stalles. Da es auch außerhalb der Legeperiode als Zufluchtsort genutzt wird, gibt es am wenigsten Streitigkeiten, wenn jede Gans »ihr« Nest hat.

Für die Entlüftung und genügend Licht sind Fenster an der Südseite ratsam, die im Sommer ausgehängt und durch engmaschige Drahtgitter ersetzt werden.

Wenn die Tiere nicht durch eine Tür, sondern durch eine Klappe den Stall betreten und verlassen, muß diese unbedingt ebenerdig, ohne scharfe Kanten und recht groß sein, sonst kostet es die Gänse jedesmal eine große Überwindung hindurchzuschlüpfen. Eine ausgewachsene Gans sollte ohne Probleme hindurchlaufen können. Suchen die Gänse erst spät am Abend den Stall auf, dann kann es sein, daß sie sich nicht durch dieses unheimliche schwarze Loch in den Stall trauen. Darum sollte man abends den Stall beleuchten, bis alle Nachzügler heimgekehrt sind.

Die Unterbringung der Gänse in Gemeinschaft mit anderem Geflügel ist nicht sinnvoll, da sie dort die Einstreu im Nu durchnässen und deren Futter fressen, ohne dabei zartfühlend mit den schwächeren Geflügelarten umzugehen. Andererseits scharren dann tagsüber die Hühner im verlassenen Gänsestall die Einstreu von oben nach unten, verkoten sie zusätzlich und interessieren sich auch sehr für die großen Eier im Legenest der Gans, wenn diese gerade auf der Weide ist.

Futter- und Wasserbehälter werden nicht fest in den Stall installiert, da sie dort nur gebraucht werden, wenn der Schnee im Winter so hoch liegen sollte, daß sich die Tiere draußen nicht fortbewegen können. Sonst aber ist es sinnvoll, besonders auch um die Einstreu sauberzuhalten, die Tiere draußen zu füttern. Und wenn irgend möglich, sollten sie auch im Winter ans Wasser dürfen, um sich zu putzen.

Es wird nicht ganz einfach sein, die Gössel zu füttern, ohne daß auch die Eltern sich über das Aufzuchtfutter hermachen. Im Stall ist es darum sinnvoll, vor jeden Koben eine Tür zu hängen, die nur einen kleinen Ausschlupf für die Gössel hat. Die Gössel werden dann im Vorraum gefüttert, solange sie bei schlechtem Wetter noch nicht ins Freie können. Die Stallklappe ins Freie bekommt zwei unterschiedlich große Öffnungen, so daß die Gössel ohne die Elterntiere bei gutem Wetter in einen separaten Futterauslauf gelockt werden können. Die anderen Mahlzeiten erhalten sie ebenfalls hier, und man kann den Eltern dann etwas Grünfutter zur Beruhigung geben. Nur im Herbst, wenn die Junggänse schon groß sind, wird es etwas schwieriger. Ein normal großer, verschließbarer Durchschlupf im Futterauslauf ist dann für die Junggänse. Die ausgewachsenen, beringten Zuchttiere müssen vom Eingang vertrieben werden.

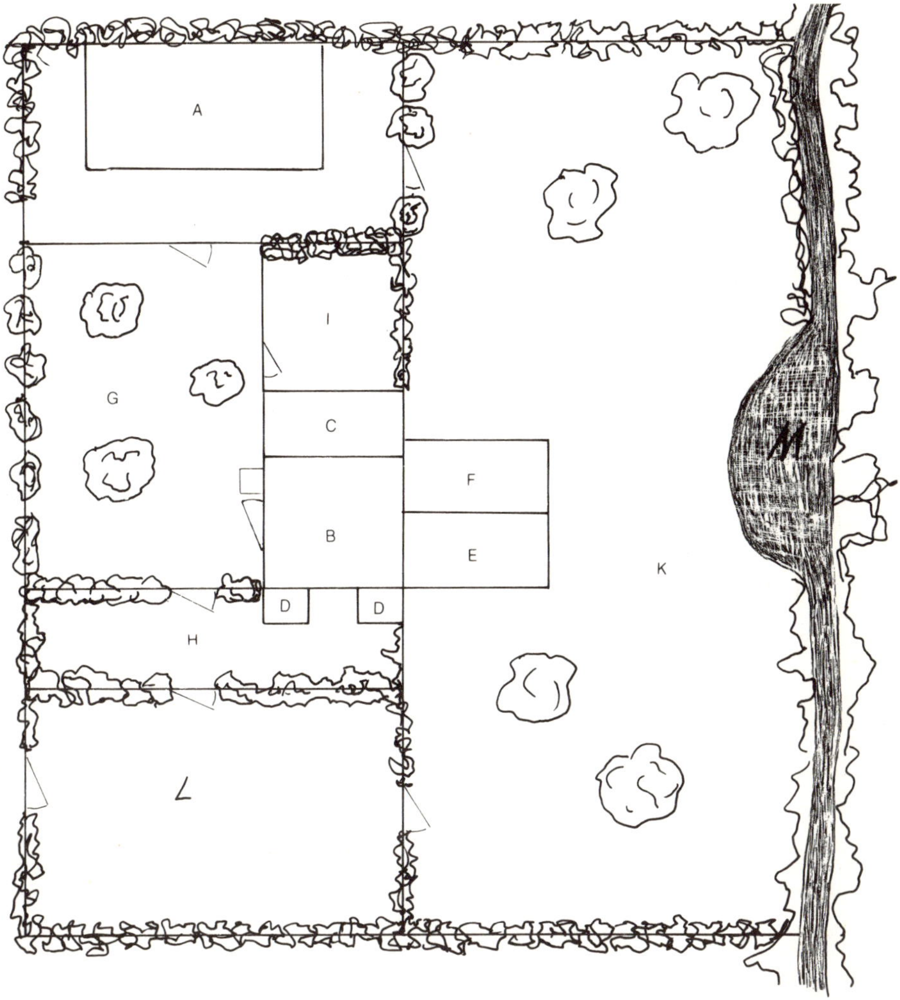

Mögliche Nutzung eines Grundstücks zur Geflügelhaltung: A Wohnhaus, B Hühnerstall, C Mastkükenstall, D Gluckenställe, E Entenstall, F Gänsestall, G, H, I, K Ausläufe, L Nutzgarten.

Enten

Geschichte und Verhalten

Die Enten sind »erst« seit ca. 3000 Jahren domestiziert. Unterschieden wird zwischen den hauptsächlich von den Stockenten abstammenden Schwimmenten und der domestizierten Moschusente (Flug- oder Warzenente).
Asien, Europa und Nordamerika gelten als die Heimat der Stockente. Die Moschusente lebte ursprünglich in Südamerika. Das Wasser ist ihr Element, und sie kann recht gut fliegen. Auch einige Hausentenrassen haben es nicht verlernt. Bekannt für ihre gut erhaltene Flugfähigkeit sind die Zwerg- und Hochbrutflugenten sowie die Warzenenten.
Die Ente sieht nicht ganz so gut in die Ferne wie die Gans, und sie hört auch schlechter. Im Geschmacksempfinden liegt sie ebenfalls hinter der Gans, ihr Geruchssinn ist jedoch im Vergleich zu anderen Vögeln sehr gut ausgeprägt. Der breite, lange Schnabel eignet sich gut für feuchte, weiche Nahrung, Schwierigkeiten macht nur die Aufnahme von feinem Getreideschrot, wenn es nicht angefeuchtet ist. Grünfutter wird ohne besondere »Kennerschaft« wahllos abgebissen, und es dürfen auch ruhig weniger zarte Blätter darunter sein. Auf warmes Trinkwasser reagieren die Enten noch empfindlicher als andere Geflügelarten: 25 °C warmes Wasser mögen sie schon nicht mehr so gern wie eine auf 15 °C temperierte Tränke.
Der Seihschnabel der Enten ist ausgeprägter als bei der Gans. Mit ihm »gründeln« sie im Wasser oder Schlamm nach Freßbarem, indem sie das Wasser durch die Lamellen am Schnabelrand herauspressen und die festen Futterstoffe im Schnabel zurückbehalten.
Enten leben in losen Gruppen ohne ausgeprägte Rangordnung. Nur während der Paarungszeit im Frühjahr kommt es zu eheähnlichen Verbindungen, die sich aber schon während der Brutzeit wieder auflösen.
Bei den wildlebenden Stockenten ist die Balz noch stark ausgeprägt. Im Herbst versammeln sich die Erpel zu einer geselligen »Gemeinschaftsbalz«, während der sie sich sozusagen gegenseitig etwas »vorbalzen«, wozu auch die Grunzpfiffe gehören, die anscheinend durch Zusammenpressen der Luft in der Luftröhre entstehen. Die Erpel vergnügen sich auf diese Weise, bis im Frühjahr die Enten dazukommen. Nun kommt es oft zu heftigen Kämpfen der Erpel, die sich regelrecht ineinander verbeißen können. Die Enten suchen sich »ihren« Erpel aus, indem sie ihn »hetzen«: Sie schwimmen hinter ihm her und drohen dabei ge-

Oben: Schon ganz junge Entchen schwimmen begeistert, wenn sie eine freie Wasserfläche zur Verfügung haben.
Unten: Auch wenn Enten keinen freien Zugang zum Wasser haben, brauchen sie unbedingt eine ausreichende Bade- und Trinkmöglichkeit.

gen einen anderen Erpel. Droht der Auserwählte dann ebenfalls mehrmals nach diesem Erpel, gilt die Verbindung als geschlossen, will der Erpel aber nicht, sucht sie sich einen anderen und droht gegen den zuerst umworbenen. Sind sich die beiden dann einig, tauchen sie, immer schneller werdend, den Hals ins Wasser. Schließlich fordert die Ente zur Begattung auf, indem sie sich flach ins Wasser duckt.

Der Erpel der wilden Moschusente tänzelt zwar ein wenig um die Ente herum, vergewaltigt sie dann aber ganz kurz und plötzlich. Das gleiche wiederholt sich unter Umständen mehrmals hintereinander – auch mit anderen Enten.

Bei den Hausenten ist fast gar nichts mehr von der Balz zu sehen. Die Ente bedeutet irgendeinem oder mehreren Erpeln durch Pumpbewegungen, daß sie deckbereit ist, oder die Erpel treten überfallartig irgendeine Ente.

Wildlebende Enten übernehmen auch während der kurzen Zeit der Partnerschaft mit einem Erpel die Führung beim Fliegen, Begatten und der Nestsuche. Die Ente baut das Nest in zwei bis drei Tagen, polstert es mit Daunen aus und legt dann bis zu 18 Eier. Sie hat eine längere Legeperiode als das Huhn, so daß sie bis zu 14 Tage ohne Unterbrechung legen kann. Die Befruchtung durch den Tretakt hält etwa fünf Tage vor, ein- bis zweijährige Erpel befruchten am zuverlässigsten.

Während des Nestbaus und bis zum Brutbeginn verteidigt der Erpel das Nest, mausert dann vom farbenprächtigen Hochzeitskleid zum Schlichtkleid und verläßt die brütende Ente.

Die Küken verständigen sich schon im Ei miteinander und beschleunigen den Schlupf, wenn schon weiter entwickelte (also früher bebrütete) Eier mit im Nest liegen, so daß sie bis zu elf Stunden früher schlüpfen. Die Brutdauer beträgt etwa 24 bis 28 Tage. Die meisten Enten schlüpfen im April. Eine Ausnahme sind die Moschus- oder Warzenenten: Ihre Brutdauer beträgt 35 Tage, und die Ente brütet zwei- bis dreimal im Jahr. Während des Schlupfes nehmen die Küken durch Piepen Kontakt mit der Mutter auf, die darauf zunehmend lauter antwortet, je weiter der Schlupf vorangeht. Nach dem Schlupf begrüßen die Küken durch Pieptöne die Mutter und ihre Geschwister. Ihre Hilfsbedürftigkeit melden sie durch Verlassenheitsrufe an, auf die nur die Mutter reagiert. Küken, die in den ersten vier Stunden schlüpfen, sind zum Großteil weiblich, dann folgen die Geschlechter recht gemischt, und in den letzten vier Stunden sind es fast nur Erpel. Etwa einen Tag nach dem Schlupf werden die Jungen von der Mutter zum Schwimmen geführt. Sie bleibt etwa zwei Monate mit den Jungen zusammen, dann können sie fliegen, und die Ente mausert jetzt ihr ganzes Gefieder (Pekingenten mausern alle acht bis zehn Wochen).

Den Hausenten ist auch das Brutverhalten weitgehend verlorengegangen. Am zuverlässigsten brüten noch die Warzenenten, sogar zwei- bis dreimal im Jahr.

Die Cröllwitzer Pute gehört zu den größten Putenschlägen.

Enten

Unter den Entenküken gibt es keine auffällige Rangordnung. Zehn Tage nach dem Schlupf haben sie einen gut wärmenden Flaum, müssen sich also nicht mehr gegenseitig wärmen und rücken jetzt immer weiter auseinander. Bei erwachsenen Enten ist dieses Abstandhalten an den Schlafplätzen sehr deutlich zu erkennen, und am Futterplatz wird dieser Abstand ebenfalls gewahrt. So ist die Notwendigkeit, eine klare Rangordnung zu schaffen, nicht vorhanden, da sich die Tiere möglichst aus dem Weg gehen. Trotzdem benötigen die ängstlichen und teilweise sehr schreckhaften Enten den Zusammenhalt in der Gruppe, wo sie sich geborgen fühlen und in der sie den Mut zu ausgedehnten Wanderungen und Erkundungen entwickeln. Auch bei den Enten ist der Orientierungssinn wie bei den Gänsen sehr gut ausgeprägt.

Die Schwingen und Steuerfedern wachsen den Enten in der 3. bis 4. Woche, also zwei Wochen früher als den Gänsen. Mit 130 Tagen ist das Körperwachstum abgeschlossen, nur Herz und Gehirn wachsen noch bis zum 140. Tage. Nach etwa sieben Monaten sind die Enten geschlechtsreif.

Bei den Stockenten sind die Geschlechter leicht an dem auffallenden Gefieder des Erpels zu unterscheiden. Warzenenten sind mit zwölf Wochen nur halb so schwer wie der Erpel, und auch später ist der Gewichtsunterschied noch sehr deutlich. Bei den meist identisch gefiederten Hausentenrassen sind Erpel und Ente leicht an der Stimme zu unterscheiden. Die Ente quakt laut und hell, während der Erpel heiser, leise und tief krächzt. Wie die Ganter haben auch die Erpel einen Penis, der spiralenförmig in einer Hautfalte der Kloake liegt.

Enten sind typische Wassertiere, die ihr Gefieder mit Wasser reinigen müssen, um sich wohlzufühlen. Das Komfortverhalten drückt sich ebenso wie bei den Gänsen aus. Sie verdrücken jede Menge Schnecken und grüne Raupen, die für Hühner absolut uninteressant zu sein scheinen. Auch Insektenbefall, der den Hühnern zu schaffen machen kann, wird zusammen mit allem möglichen anderen Kleingetier von den Enten einfach weggefressen. Es gibt Beobachtungen, wonach Karpfen besonders gut gedeihen, wenn Enten auf ihrem Teich schwimmen. Andererseits ist Vorsicht geboten, wenn kleine Fische im Teich sind: Die Enten werden sie kurzerhand hinunterschlingen.

Rassen und Kauf

Es gibt augenblicklich etwa 105 verschiedene Entenrassen, die man in vier Gruppen einteilen kann:

1. Legeenten mit bis zu 250 Eiern Legeleistung im Jahr;
2. Zweinutzungsrassen, also mit guter Legeleistung und gutem Fleischansatz;
3. Fleischenten bis 5 kg Körpergewicht;
4. Zwerg- und Zierenten.

Leider ist es sehr schwierig geworden, Enteneier zu verkaufen. Bis vor einigen Jahren waren sie eine hochwillkommene Delikatesse. Mittlerweile weiß man aber, daß sie Typhus- und Paratyphuserreger enthalten können. Das liegt in erster Linie daran, daß Enten ihre Eier

überall hinlegen, auch in den dicksten Dreck. Legeenten sollten darum bis etwa 10 Uhr am Morgen im Stall bleiben, wo sie die Eier bis zu dieser Uhrzeit in der sauberen Einstreu gelegt haben.
Legeenten haben wie die legestarken Hühnerrassen nur wenig Fleischansatz und gehören folglich zu den leichten Rassen: Am bekanntesten dürfte die wetterharte indische Laufente sein, die vom Herbst bis zum Frühjahr rund 200 bis 75 g schwere Eier legt. Sie braucht einen großen Auslauf, ist aber mit einem niedrigen Zaun und einem kleineren Wasserbecken zufrieden. Typisch ist ihr nahezu aufrechter Gang, der aber zu Schwierigkeiten mit den Beinen und Füßen führen kann, die sehr feingliedrig sind. Der Erpel wird etwa 2 kg schwer, die Ente ist etwas leichter und brütet teilweise noch. Acht verschiedene Farbschläge sind bekannt.
Zu den Zweinutzungsrassen gehört die ebenfalls sehr wetterharte Pommernente, die bis zu 3 kg schwer wird und von Februar bis Juni etwa 100 bis 120 Eier zwischen 70 und 80 g legt. Sie braucht eine Schwimmgelegenheit und einen niedrigen Zaun. Es gibt sie in den Farben schwarz und blau.
Die Orpington-Ente legt bis zu 180 Eier à 70 g und kann 3,5 kg und schwerer werden. Für die Befruchtung braucht sie Schwimmbecken oder -teich, ist aber mit einem kleinen Auslauf zufrieden. Zudem sind ihre Futteransprüche sehr gering. Sie ist leicht an ihrem ledergelben Gefieder zu erkennen, es gibt sie aber auch im blauen Farbschlag.
Eine typische Fleischrasse ist die sehr robuste Rouenente. Sie wird bis zu 4 kg schwer und legt 70 bis 90 Eier à 80 g. Ihr Äußeres ähnelt sehr dem der Stockenten, wobei auch der Erpel das typische Hochzeitskleid trägt. Die Enten brauchen wenig Auslauf, müssen aber zumindest für die Eibefruchtung eine Schwimmgelegenheit haben. Leider soll die Rouenente eine sehr unzuverlässige Brüterin sein.
Die ebenfalls robuste Aylesburgente wird bis zu 3,5 kg schwer, ältere Tiere sind noch schwerer. Sie legt bis zu 100 Eier à 80 g und braucht unbedingt eine Schwimmgelegenheit. Ihr Gefieder ist reinweiß.
Die Pekingente gibt es in zwei verschiedenen Schlägen. Die amerikanische Pekingente hat eine waagerechte Körperhaltung, weißes Gefieder und wird bis zu 3 kg schwer. Die deutsche Pekingente hat einen mehr aufrechten Gang, hellgelbes Gefieder und wird bis 3,5 kg schwer. Sie legt etwa 100 Eier à 75 g, brütet aber nur selten. Etwas problematisch ist ihre Stimmgewalt: Pekingenten haben eine sehr laute Stimme, die sie auch ständig einsetzen. Zudem sind sie recht scheu. Der Auslauf sollte möglichst groß sein, da sie gern größere Wanderungen unternehmen. Wasser sollte ebenfalls nicht fehlen.
Die Moschus- oder Warzenente steht den Gänsen näher als den Enten, sowohl von der Abstammung her als auch im Verhalten. Die Rasse ist wohl die einzige unter den Hausenten, die noch zuverlässig brütet, und das gleich 2- bis 3mal im Jahr. 40 bis 100 Eier à 70 g kann sie im Jahr legen, doch da sie zuverlässig brütet, sind es nur selten mehr als 40 bis 50 Eier. Die Brutdauer beträgt 35 Tage.

Sie wird mit Recht auch Flugente genannt. Die Tiere brauchen unbegrenzten Auslauf, oder man muß ihnen einseitig einen Flügel etwas stutzen, also die Schwungfedern eines Flügels etwas abschneiden. Das ist schmerzlos, aber die Tiere können nicht mehr fliegen, weil sie das Gleichgewicht verlieren.
Der Erpel wird bis zu 5 kg schwer, die Ente wiegt etwa 2,5 kg. Das Fleisch ist etwas dunkler als das der anderen Enten, sehr saftig und fettarm. Typisch ist auch, daß diese Entenrasse nur eine sehr leise Stimme hat. Sieben verschiedene Farbschläge sind bekannt.
Zu den Zierrassen gehört die Hochbrutflugente. Sie brütet auf ca. 2–3 m hohen Bäumen und lockt die Küken dann vom Erdboden aus, die sich kurzerhand vom Nest herunterplumpsen lassen. Die Küken werden von den Eltern gemeinsam aufgezogen. Da sie sich auch mit der wilden Stockente paaren, wurde diese Entenart teilweise schon stark mit Hochbrutflugenten vermischt. Diese sollten deshalb, um dem vorzubeugen, möglichst in einer geschlossenen Voliere gehalten werden.

Lege-, Brut- und Schlafnest für Enten; zusammengebundene Strohgarben überdachen ein Nest aus umgedrehter Grassode und Stroh.

Die Preise für Entenküken liegen zwischen 2,– und 6,– DM je nach Rasse und Alter. Ein Flugentenpaar kostet zwischen 30,– und 100,– DM, je nach Alter. Die jüngeren Tiere sind teurer.
Ansonsten gilt für den Kauf, was schon bei Hühnern und Gänsen (siehe Seiten 24 f., 59 f.) zu diesem Thema gesagt wurde.

Brut und Aufzucht

Hausenten legen hauptsächlich zwischen Januar und März, etwa zwei Wochen nach Legebeginn fangen sie zu brüten an. Da die meisten Rassen aber sehr unzuverlässig brüten, ist zu überlegen, ob der Ente für diese Zeit (zwei Wochen Legezeit und 24–28 Tage Brut) wie auch den Hühnerglucken ein separater Stall angeboten werden sollte. Zu diesem Stall gehört dann natürlich auch ein zwar kleiner, aber gut bewachsener Auslauf und ein kleines Wasserbecken. Der Auslauf sollte nicht zu groß sein, um die Ente nicht vom Brüten abzulenken. Während der Legeperiode wird sie alle vier bis fünf Tage mit einem Erpel zusammengelassen, damit die Eier auch befruchtet sind, oder der Erpel bleibt während der ganzen Legeperiode bei ihr, vorausgesetzt, die beiden vertragen sich.
Da Enten Gruppentiere sind, sollte der Auslauf so durch Zäune abgeteilt sein,

daß die Tiere immer Verbindung zueinander haben.
Das Legenest wird wie bei den Gänsen mit Grassoden ausgepolstert und sollte etwa 60 x 60 cm groß sein. Am liebsten werden Legenester angenommen, die mit aus Stroh- oder Schilfbündeln zusammengebundenen Garben überdacht werden.
Flugenten, die 2- bis 3mal im Jahr zuverlässig brüten, machen zwar weniger Mühe, sollten aber auch an ihr Legenest gewöhnt werden. Während der ersten Tage des Legebeginns bleiben sie darum am besten bis 10 Uhr morgens in ihrem Stallabteil, damit die Eier nicht an verschiedenen Stellen abgelegt werden.
Das erste Ei bleibt wie bei den Gänsen während der Legezeit im Nest und wird gekennzeichnet. Einige Gipseier statt der weggenommenen Bruteier helfen der Ente, standorttreu wieder im gleichen Nest die Eier abzulegen. Die Auswahl und Aufbewahrung der Eier erfolgt, wie es auf den Seiten 26 ff. bereits beschrieben wurde. Nach 24–28 Tagen, bei der Flugente nach 35 Tagen, schlüpfen die Küken, deren Betreuung nun meist ohne Probleme von der Ente übernommen wird.
Entenküken ohne Mutter werden wie die mutterlosen Gänsegössel (Seite 61 ff.) aufgezogen. Die Wärme kann hier aber schon nach zehn Tagen auf ca. 24 °C reduziert werden. Auch ist es sehr wichtig, daß ständig für trockene Einstreu gesorgt wird, die aber nicht kurzgehäckselt sein darf, da die Küken sie sonst auffressen, was zu lebensgefährlichen Komplikationen im Kropf führen kann. Da auch die Entenküken schon leidenschaftlich gern planschen, trennt man am besten den Futterplatz vom eigentlichen Kükenstall ab. Wenn möglich, schüttet man Sand um die Tränke auf, der die ausgeplanschte Feuchtigkeit aufnimmt. Natürlich muß der Sand öfter gewechselt werden. Gitterroste sind eine weitere Möglichkeit, um den Futterplatz trocken zu halten. Sie führen aber manchmal zu Fußverletzungen, und der Kot muß gründlich abgebürstet werden.
Auch für die Enten ist es wichtig, daß sie den Kopf bis über die Augen ins Wasser tauchen, aber trotzdem nicht hineintreten können. Auf jeden Fall muß durch einen Stein oder umgestülpten Blumentopf verhindert werden, daß die Küken in der Tränke baden, das Wasser herausplanschen und schließlich nicht mehr aus dem Becken herausklettern können, weil nun der Wasserspiegel zu weit abgesunken ist. Auf diese Weise sind schon unzählige Küken ertrunken. Weiter ist es wichtig, die Tränke möglichst weitab vom Futterplatz aufzustellen, da die Enten die Angewohnheit haben, den Schnabel voll Futter zu stopfen, um ihn dann in der nahebei stehenden Tränke durchzugurgeln.
Mehr als 20 Enten sollte man nicht in einer Gruppe halten, sonst werden die Tiere nervös. Jungtiere können, nachdem sie ihr Gefieder ausgebildet haben, zu den Alttieren gelassen werden.
Nach 9–12 Wochen sind die Enten schlachtreif. Ältere Tiere setzen mehr Fett an, was vom Verbraucher oft als unangenehm empfunden wird.
Die Zuchtstämme werden im Herbst zusammengestellt, da sich Enten nur langsam aneinander gewöhnen.

Fütterung

Enten lieben Weichfutter. Als Allesfresser können sie auch mit Küchenabfällen gefüttert werden. Ihr Lieblingsgetreide ist der Mais, am besten leicht gequollen; Weizen und Gerste werden auch gern gefressen, während Hafer nur als Futterhaferflocken für die Jungtiere oder geschrotet und mit anderem Futter vermischt genommen wird. Auch Keimhafer mögen sie gern, Roggen dagegen ist absolut unbeliebt. Vogelmiere und andere Pflanzen, die sie schnell verschlingen können, werden unter den Grünpflanzen am liebsten gefressen. Die »kleine Wasserlinse« (Lemna minor), auch Entengrütze genannt, gehört ebenfalls zu ihrem bevorzugten Grünfutter. Sie wächst von Mai bis Juli am seichten Rand stehender Gewässer, wo sie sich teilweise massenhaft zusammenklumpt. Die linsenartig geformten kleinen grünen Schwimmblättchen sitzen wie die Salatkresse auf ganz dünnen, fadenartigen Wurzeln. Früher wurden sie gern für die Kükenaufzucht gesammelt und verfüttert.

Enten, auch schon die Küken, brauchen zur Zerkleinerung des Futters im Muskelmagen dringend Sand und kleine Steinchen zur freien Aufnahme, sonst kann es zu gefährlichen Darmstörungen kommen.

Die Entenkükenfütterung wirft wieder das gleiche Problem auf wie bei den Gösseln: Sie lieben Weichfutter, gurgeln aber einen Großteil dann wieder ins Trinkwasser; den verklebten Schnabel putzen sie im Gefieder, das dann verklebt. Andere Küken schnäbeln den »appetitlichen« Flaum, bis nur noch Kahlstellen bleiben. Darum sollte zumindest in den ersten Tagen, wenn die Küken noch sehr kälteempfindlich sind, möglichst kein Weichfutter gegeben werden. Die Küken fressen sehr gerne Futterhaferflocken.

Enten haben einen sehr hohen Eiweißbedarf. Werden zu wenig Proteine (Eiweiß) gefüttert, dann setzen sie Fett an. Magermilch oder selbst angesetzte Dickmilch können diesen Bedarf dekken. Fischmehl ist eiweißreich, wirkt sich aber auf den Fleischgeschmack aus – das gleiche gilt für Enten, die sehr viel frischen Fisch bekommen –, außerdem enthält das Fischmehl die schon erwähnten Rückstände von Perchloräthylen. Brennesseln (ältere Blätter müssen gehäckselt werden) haben ebenfalls einen hohen Proteingehalt, nicht zu vergessen all die Insekten, die während des Tages gefressen werden. Wo im Garten Ameisen und Schnecken zur Plage werden, können die Enten unter Aufsicht einmal durchweiden. Ameisenpuppen und Regenwürmer sind sehr eiweißhaltig und werden begeistert gefressen.

Kükenfütterung

1. Woche: 5- bis 6mal täglich füttern, so viel, wie in 15 Min. gefressen wird: Futterhaferflocken mit etwas Hefeflocken und Futterkalk vermischt, Keimgetreide, Brotkrümel, kleingeschnittene Salatreste, kleingehackte Brennesseln und anderes Grünfutter, hartgekochte, kleingehackte Eier, Magermilch, Molke, Sand und kleine Steinchen, Muschelkalk oder pasteurisierte, zerstampfte Eierschalen.

2. Woche: 4- bis 5mal täglich füttern wie oben, Eier weglassen, Obst- und Gemüsereste.
3. Woche: 3mal täglich füttern wie oben, Futterkalk weglassen, feuchtkrümelige Schrotgemische aus Mais, Weizen, Gerste, Weizenkleie, evtl. mit Molke oder Magermilch angerührt, gedämpfte Kartoffeln oder Topinambur. Grünfutter suchen sich die Tiere jetzt selber; wenn nicht genügend im Auslauf vorhanden, Grünfutter in Körben aufhängen.
Ab der 4. Woche wie die Alttiere füttern: gequollener Mais, feuchtkrümelige Schrotgemische, Keimgetreide, Fallobst, Gemüsereste, Küchenabfälle (auch Fleisch und Fisch – Vorsicht: keine Knochen und Gräten!), vom Metzger hergestelltes Knochenmehl, gedämpfte Kartoffeln oder Topinambur, eingeweichte Brotreste, viel Grünfutter, Sand, kleine Steine, Muschelkalk oder pasteurisierte, zerstampfte Eierschalen.

Stall und Auslauf

Wie der Gänsestall erfordert der Entenstall relativ wenig Aufwand, doch muß auch er gut geplant sein, damit nicht unnötige Arbeit und Probleme entstehen. Einige Fragen sollten zu Beginn geklärt werden:
1. Ist genügend Wasser im Bereich der Weide vorhanden? Sind Fische im Gewässer?
2. Wieviel Quadratmeter Auslauf stehen zur Verfügung? Ein Entenpaar braucht ca. 400 m^2.
3. Wird das Grundstück eingezäunt? Wie hoch?
4. Was sagen die Nachbarn?
5. Ist schon ein Gebäude vorhanden, oder muß die Baubehörde wegen eines Neubaus gefragt werden?
6. Wie groß ist oder wird das Stallgebäude? Pro Ente muß mit 1/2 m^2 Stallfläche gerechnet werden.
7. Wohin mit den Eiern? Können sie im eigenen Haushalt verwertet werden, oder sind Abnehmer vorhanden?

Enten sind schreckhaft, darum werden die Fenster möglichst hoch angebracht, so daß sie nicht durch den Schatten vorübergehender Personen geängstigt werden. Wenn möglich die Fenster auf der von der Straße abgewandten Seite einbauen, damit Lärm und Licht abgehalten werden. Statt der Fenster werden ab Frühsommer bis Herbst feinmaschige Gitterfenster eingehängt. In größeren Ställen muß für eine gute Entlüftung ohne Zugluft gesorgt werden. Das Schlupfloch wird ebenerdig angebracht und muß der Größe der Rasse angepaßt sein (ca. 30–40 cm^2).
Enten legen im Stall die Eier in die Einstreu und decken sie dann wieder zu, darum Vorsicht beim Betreten des Stalles. Wenn mehr als vier bis fünf Enten gehalten werden, empfiehlt es sich, einen Laufsteg in das Gebäude zu bauen, der wie eine Brücke über die Einstreu führt. Werden z.B. nur drei Enten und ein Erpel gehalten, genügen insgesamt vier aneinandergereihte Quadratmeter Stallfläche. Auf jeden Quadratmeter wird eine Strohhütte gestellt, und durch niedrige Drahtwände können die Abteile während der Brut voneinander getrennt werden. Je eine Auslaufklappe an der

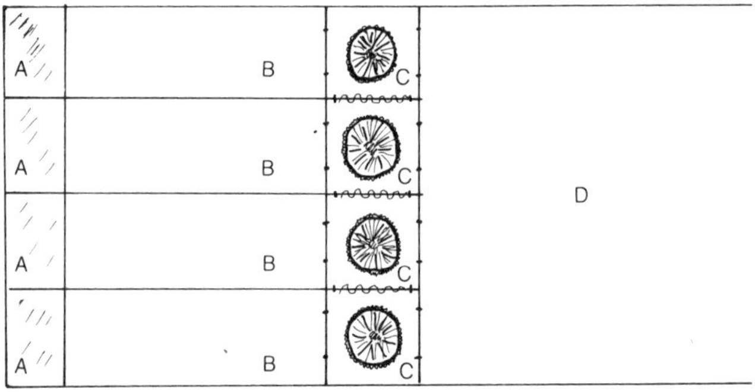

Stall und Auslauf für 3 Enten und Erpel. A Wasserstellen, B getrennte Ausläufe während der Brutzeit, C Stall mit Einzelnestern und Luken zum Einzelauslauf B und zum Gemeinschaftsauslauf D.

Vorder- und Rückseite ermöglicht es, die Enten während der Brutzeit in den kleinen, nach Süden gerichteten Auslauf oder in der übrigen Zeit des Jahres in den großen Auslauf zu lassen.
Werden die Wände nur etwa einen Meter hoch gezogen, sollte es möglich sein, entweder das Dach oder die Vorderfront zum Entmisten und zur Eientnahme aufzuklappen. Kleine, etwa 20–30 cm hohe, mit Drahtgeflecht gesicherte Luftschlitze oberhalb der Auslaufklappe lassen genügend Licht und Luft ein. Werden die Wände ca. zwei Meter hoch gezogen, sollte über eine Längswand ein schmaler Fensterfries gehen, der vergittert wird, damit die Fenster bei gutem Wetter ausgehängt werden können.
Ein Fundament, ebenfalls mit engmaschigem Drahtgeflecht gegen Ratten wie bei den Hühnern und Gänsen, sollte vorhanden sein, um den Stall trocken und sauber halten zu können.
Im Auslauf muß für schattige Plätze, entweder durch Bäume, Büsche oder Strohmatten, gesorgt werden. Ist ein Teich oder Bach vorhanden, sollte man das Ufer mit Draht- oder Weidengeflecht befestigen und ordentlich Kies darauf schütten, sonst wird das Ufer bald ein einziger Morast sein. Wird ein Teich angelegt, wird er am besten mit einer ca. 30 cm dicken Tonschicht abgedichtet. Kunststoffplanen werden den Krallen am Ende der schwimmflossenartigen Enten- und Gänsefüße nicht lange standhalten. Das flach angelegte Ufer muß natürlich ebenfalls befestigt werden.
Eine weitere Möglichkeit ist es, eine große, flache, fertig gegossene Wanne einzugraben, an deren Rändern Kies aufgeschüttet wird. Dabei ist es sinnvoll, ein Loch in die tiefste Stelle des Beckens zu bohren, das zu einem Drainagerohr Verbindung hat und verschlossen werden kann. So ist es dann möglich, verdrecktes Wasser abzulassen und neues einzufüllen. Der Verschluß zur Drainageröhre muß so konstruiert werden, daß die Enten ihn nicht heraus»gründeln« können. Am besten legt man einen dicken Stein darauf. Auf jeden Fall muß es den Tieren immer möglich sein, auch bei flachem

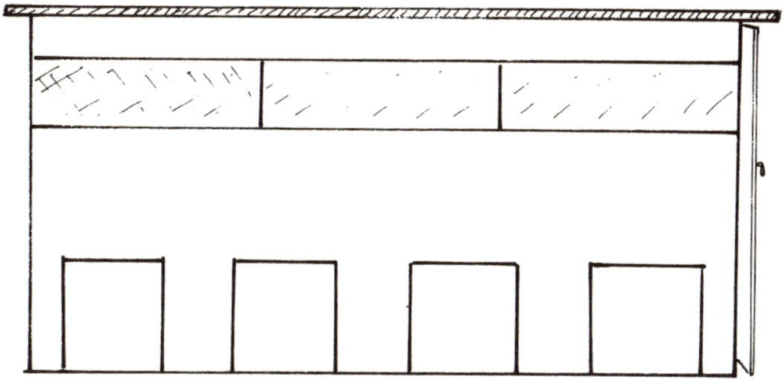

Begehbarer Entenstall mit querlaufender Fensterfront.

Wasserstand wieder aus dem Becken herauszukommen. Aus diesem Grund ist etwa eine eingegrabene Badewanne nicht sinnvoll. Ein altes flaches Duschbecken ist dagegen denkbar. Aber Vorsicht mit den Küken – sie werden anfangs nicht groß genug sein, um das Becken bei niedrigem Wasserstand wieder zu verlassen. Mehrere oben abgeflachte Steine, zum Beckenrand hin gelegt, können helfen.
Wenn die Enten unbegrenzten Auslauf haben und in der Nähe eine Badegelegenheit ist, werden Sie die Tiere von dort abends nach Hause treiben müssen, andernfalls übernachten sie dort. Da aber Füchse und Marder das bald entdecken werden, ist es notwendig, die Enten in einem festen Stall übernachten zu lassen. Wenn man abends zu festen Zeiten etwas zufüttert, werden die Enten das sehr schnell lernen und von selbst zum Stall zurückkehren.
Beim Ausmisten oder anderen Arbeiten in unmittelbarer Nähe der Tiere sollten hektische Bewegungen, lautes Rufen, Töpfeklappern u.ä. unbedingt vermieden werden, da die schreckhaften Tiere sonst schon in Panik geraten, wenn sie Menschen auch nur von weitem sehen.

Entenstall in halbhoher Ausführung mit abnehmbaren Dächern.

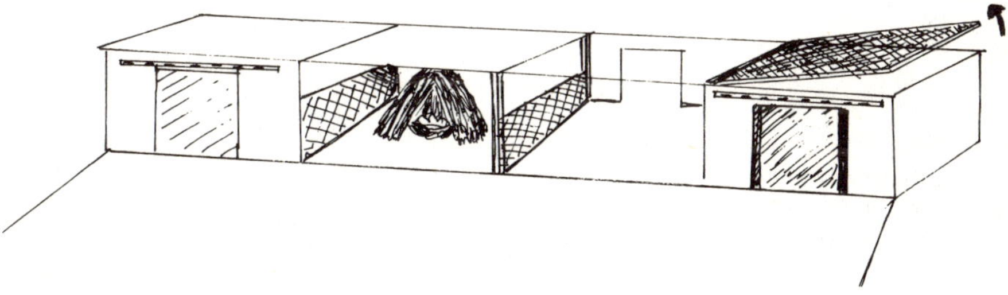

Truthühner (Puten)

Geschichte und Verhalten

Die Urform der Puten stammt aus Nord-, Mittel- und Südamerika. Etwa 2500 v.Chr. wurden sie in Mexiko domestiziert. Seitdem wurde durch Züchtung eine enorme Gewichtssteigerung von 10 auf bis zu 18 kg erreicht. Die ursprünglichen Verhaltensweisen blieben jedoch weitgehend erhalten: Die Pute ist ein Scharrvogel wie das Huhn und ein Steppentier, das es gewohnt ist, sehr schnell und ausdauernd zu laufen. Auch die domestizierte Pute läuft noch gern und viel über große Weideflächen, scharrt aber nicht mehr. Zur Nacht und um sich tagsüber auszuruhen, fliegen Puten gern auf Bäume; dabei werden über das Wasser hängende Äste bevorzugt, die mehr Schutz vor Raubwild bieten.

Puten sehen gut in die Ferne, in ihrer nahen Umgebung haben sie aber große Mühe. Ausgestreutes Futter finden sie nur durch Zufall.

Männliche und weibliche Tiere leben nach Geschlechtern getrennt in einer Herde. Beide Gruppen haben ein unterschiedliches Verhalten. Während die Puter kaum um ihre Rangordnung gegenüber anderen Hähnen wissen, fügen sich die Puten, ähnlich wie die Hühner, in eine feste Hackordnung. Dabei hacken sie wesentlich häufiger, als Hennen das tun. Kämpfe zwischen der männlichen und der weiblichen Gruppe gibt es nicht. Das ist schon bei den Küken so.

Puter und Pute haben das gleiche Kampfverhalten. Dabei verlängern sich die Fleischzapfen am Kopf, die Flügel werden abgespreizt, der Hahn fächert den Schwanz auf, die Henne stellt ihn hoch, und so stehen sich Hahn gegen Hahn oder Henne gegen Henne gegenüber und drohen mit durchdringenden, hohen Lauten, alte Hennen geben meist tiefe, grollende Laute von sich. Dann gehen die beiden umeinander herum, bis plötzlich ein Tier dem anderen mit den Füßen vor die Brust springt. Der Kampf kann sich nun weiter steigern, indem sich die Gegner in den Nacken picken oder den Fleischzapfen des anderen packen und daran herumzerren. Wer aufgibt, zieht den Fleischzapfen wieder ein, läßt die Flügel hängen und versucht zu fliehen, wobei der Sieger ihn weiter verfolgt und pickt. Weibliche Puten kämpfen besonders heftig; wenn kein Fluchtweg vorhanden ist, endet der Kampf oft mit dem Tod des flüchtenden Tieres. Da Puten sehr starre Verhaltensmuster haben, sich leicht in Panik versetzen lassen und sich nur sehr schlecht an neue Situationen anpassen können, ist für sie nur eine Reaktion auf Angst und Schrecken möglich – kopflose Flucht. In begrenzten Ausläufen reagieren sie so stark auf eine für sie erschreckende Situation, daß sie sich mitunter in einer Zaunecke erdrücken. Ein einmal ausgelöstes Verhaltensmuster, also eine angeborene Reaktion auf einen äußeren Reiz, läuft bis zum Ende ab – koste es, was es wolle. Die Möglichkeit, »auf ein anderes Programm umzuschalten«, haben diese Tiere nicht. Ein typisches Beispiel ist auch das Verhalten einer brütenden domestizierten Pute. Wenn sie auf den Eiern sitzt und brütet, dann gibt es für sie nichts anderes mehr, dann sitzt sie und brütet, bis sie verhungert. Der Mensch muß sie deshalb täglich vom Nest nehmen – worauf sie sehr unangenehm reagieren kann –, damit sie außerhalb des Nestes Futter und Wasser aufnimmt und kotet und damit die Eier abkühlen können.

Das Balzverhalten bei wildlebenden und domestizierten Truthähnen ist gleich geblieben. Dabei plustert der Puter sein Gefieder auf, schlägt ein pfauenähnliches Rad, läßt die Flügel leicht abgespreizt über den Boden gleiten, sein Kopfgehänge schwillt an, verfärbt sich, und mit kollernder, schnaubender Stimme schreitet er gravitätisch umher. Eine paarungswillige Pute duckt sich daraufhin vor ihm nieder, und er stolziert noch eine Weile um sie herum. Dann besteigt er sie und tritt mit beiden Füßen abwechselnd ihre Hüften, bis er sich so weit absenkt, daß die Kloaken einander berühren. Eine Nachbalz gibt es nicht. Teilweise haben die Puter aber Orientierungsschwierigkeiten. Sie treten dann die Puten verkehrtherum und verletzen sie dabei mit ihrem großen Gewicht oft lebensgefährlich. Außerdem sind die Puter schnell erschöpft, da sie für die aufwendige Balzzeremonie viel Energie verbrauchen. Auch macht den Hähnen starke Hitze sehr zu schaffen, so daß für eine gute Befruchtung im Sommer kühle, schattige Plätze vorhanden sein müssen.

Einige weibliche Puten balzen nach dem Tretakt um eine andere Henne und treten sie dann auch wie ein Hahn. Rangniedere Puten sind wie bei den Hühnern öfter zur Paarung bereit. Nach dem Tretakt, durch den etwa 12 Eier befruchtet werden, sind sie fünf Tage nicht mehr paarungswillig. Trotzdem kommt es vor, daß Sperma im Eileiter noch nach sieben Wochen befruchtungsfähig ist. Zwei Tage nach der Besamung sind die Eier befruchtet. Eine Legeserie kann 13–50 Tage anhalten. Puten, die schon mehrmals gebrütet haben, legen mehr befruchtete und schlupffähige Eier.

Etwas besonders Eigenartiges ist die Tatsache, daß Puten, die ohne Puter gehalten werden, Eier legen können, aus denen Küken schlüpfen. Man nennt das parthenogenetische Entwicklung (Parthenogenese ist griechisch und bedeutet Jungfernzeugung). 1958 schlüpfte aus einem solchen nachweislich unbefruchteten Putenei ein gesundes, männliches Küken, das später viele gesunde Puten zeugte. Mittlerweile wurden Stämme gezüchtet, bei denen etwa 40% der Eier die parthenogenetische Entwicklung durchmachen. Interessanterweise sind es nur männliche Tiere, die dabei entstehen.

Wildputen brüten Ende Februar in ausgescharrten Bodenmulden, die von Sträuchern und Büschen geschützt sind. Das Nest wird mit Blättern und Federn ausgepolstert. Am 27. Bruttag stellen die Küken durch Piepen Kontakt mit der Mutter her. Danach bleiben sie bis zum Schlupf stumm. Am 28. Tag schlüpfen die Jungen. Durch das Piepen im Ei wird die Pute daran gehindert, ihre

Küken totzuhacken. Nach 48 Stunden unternehmen die Küken die ersten Ausflüge mit der Mutter, die dann schon weite Strecken mit ihnen zurücklegt. Putenküken sind etwa 72 Stunden lang sehr stark prägbar – ähnlich den Gänsen. Die Pute ruft ihre Küken mit tiefen Locklauten. Diese kennen einen Klagelaut, wenn sie sich verlaufen haben, Schmerzschreie, wenn sie gepickt werden, die Stimmfühlungslaute untereinander und leises Zwitschern vor dem Schlafen. Bei beliebtem Futter lassen die Puten einen trillernden Laut hören. Bei Gefahr stößt die Pute Alarmrufe aus, aber erst einige Wochen nach dem Schlupf reagieren die Küken darauf. Es gibt verschiedene Alarmrufe (Bodenfeinde, Feinde aus der Luft, Feind in der Nähe), auf die die Küken mit jeweils verschiedenem Verhalten reagieren.

Mit 14 Tagen baumen sie schon auf niedrigen Ästen auf. Mit acht Wochen sind die Jungputen voll befiedert. Die Küken untereinander kennen sich kaum und reagieren auch nicht deutlich aufeinander. Erst mit drei Monaten, wenn die ersten spielerischen Rangordnungskämpfe beginnen, ändert sich das. Diese Kämpfe verschärfen sich zusehends, bis sie im fünften Monat ihren Höhepunkt erreichen. Zwischen dem 200. und dem 250. Lebenstag werden die Puten geschlechtsreif. Wildlebende Tiere sind es erst mit zwei Jahren.

Wie die Hühner lieben es die Puten, ein Staubbad zu nehmen. Das Gefieder putzen sie sich, indem sie mit dem Schnabel die Federschäfte beknabbern und die Federn durch den Schnabel ziehen. Sind die Federn verschmutzt oder ausgefranst, neigen sie dazu, ihre eigenen Federn zu fressen.

Die Jungen der Wildputen verbringen die Wintermonate mit den Truthennen, die dann in großen Herden miteinander umherziehen. Die Puter schließen sich ebenfalls zusammen und leben bis zur Balz getrennt von der weiblichen Herde. Domestizierte Puten werden etwa 15 Jahre alt.

Von der gemeinsamen Haltung von Puten mit anderen Geflügelarten sollte man besser absehen. Puten leben zwar gern in größeren Gruppen, wobei es ihnen gleichgültig zu sein scheint, wer in dieser Gruppe lebt, aber sie sind auch recht zänkisch, und aufgrund ihrer Körpermasse werden sie spielend mit einem Hahn fertig, der dabei sogar sein Leben lassen kann. Außerdem gibt es Probleme am Futterplatz, wo die Pute die schwächeren Geflügelarten vom Trog abdrängt. Hinzu kommt, daß Hühner den Erreger der Schwarzkopfkrankheit auf Puten übertragen können, ohne selbst davon betroffen zu werden.

Rassen und Kauf

Das Truthuhn hat sich durch Zucht hauptsächlich im Körpergewicht und den Gefiederfarben verändert, so daß man nicht von Rassen, sondern von verschiedenen Schlägen spricht. Es gibt leichte, mittelschwere und schwere Farbschläge.

Zu den leichten Farbschlägen (Henne 4 bis 5 kg, Hahn 6 bis 9 kg) zählen die Cröllwitzer Pute und die Kleine Beltsvillepute sowie gelbe, rote, blaue und kupferfarbige Tiere. Mittelschwere Farbschläge (Henne 5 bis 7 kg, Hahn 8 bis 12 kg) sind rote Bourbon, Rotflügel- und Schwarzpute. Schwere Farbschläge (Henne 6 bis 8 kg, Hahn 9 bis 15 kg) sind das Bronzetruthuhn, Schwarzflügel- und Weißpute. Besonders schwer wird das breitbrüstige Bronzetruthuhn: Henne 7 bis 9 kg, Hahn bis 18 kg.

Da angriffslustiges Verhalten vererbbar ist, kann den einzelnen Farbschlägen auch ein verschiedenes Temperament zugeordnet werden. Danach ist die Kleine Beltsville am friedvollsten, es folgt die Weiße Breitbrüstige, dann die Bronzepute und am aggressivsten reagiert die Schwarze Pute.
Die Zahl der Eier schwankt bei den Puten zwischen 60 und 180 Stück à 70 bis 80 g, was auch vom Alter abhängt. Am besten legen einjährige Puten.
Die beiden Geschlechter sind an ihren Kopfmerkmalen zu unterscheiden. Der Hahn hat keine, die Henne nur eine spärliche Kopfbefiederung. Nach 12 bis 14 Wochen läßt sich der Fleischzapfen über den Schnabel ziehen, wenn es ein Hahn ist. Bei der Henne ist das nicht möglich.
Preise:
Eintagsküken: etwa 6,– DM vom Züchter
4 Wochen alt: etwa 8,– bis 10,– DM vom Geflügelbetrieb
junge Glucken: etwa 70,– DM, ältere: 50,– bis 80,– DM
junge Hähne: 40,– bis 80,– DM, ältere: 20,– bis 50,– DM.
Weitere Informationen zum Thema »Kauf« siehe Seite 24 ff., Hühner.

Brut und Aufzucht

Einem Truthahn läßt man je nach Gewichtsklasse 8 bis maximal 15 Truthühner. Ältere Hähne sollten weniger Hennen in ihrer Herde haben.
Im allgemeinen werden Puten zwischen Februar und Mai brütig, das hängt davon ab, wann sie geschlüpft sind. Sie sollten zum Zeitpunkt der Brut etwa acht Monate alt sein. Der beste Zeitpunkt liegt bei Ende März, Anfang April, damit die Küken Ende April, Anfang Mai schlüpfen. Die Brutzeit beträgt 28 Tage. Es gibt auch die Möglichkeit, eine Pute zur Brut zu zwingen, indem man sie auf ein Nest mit angewärmten Gipseiern setzt, ihr einen großen Korb überstülpt und sie einmal am Tag daraus entläßt. Nach spätestens drei Tagen fängt die Pute dann an zu glucken. Ich halte diese Methode für recht fragwürdig, zumal Puten ohnedies meist von selbst mit dem Brüten beginnen.
Die Brutverhältnisse, das Nest (80 x 80 cm) und die Auswahl der Bruteier (bis zu 18 Stück) erfolgt wie bei den Hühnern beschrieben (Seite 26 ff.). Allerdings darf das Futter für die Pute auf keinen Fall vom Nest aus erreichbar sein, sie steht sonst nicht auf und verkotet die Eier, die ja außerdem abkühlen müssen. Oft geht die Pute aber trotzdem nicht vom Nest – eher verhungert sie. Also muß sie täglich einmal vorsichtig heruntergenommen werden. Manchmal bleibt sie dann einfach da sitzen, wo sie abgelegt wurde, und »brütet« auf dem Erdboden weiter, ohne sich um das Futter vor ihrer Nase zu kümmern. Dann hilft nur das Mittel »Futterneid«. Lassen Sie ein paar andere

Tiere in den Stall, die sich über das Futter hermachen, und die Pute wird schnell wieder lebendig, hackt die anderen vom Trog und frißt.
Die Küken müssen unbedingt schon am ersten Tag nach dem Schlupf gefüttert werden, da sonst eine Wachstumsverzögerung auftritt, die noch im 4-bis-6-Wochenalter festzustellen ist. Das Futter muß sehr proteinhaltig sein (ca. 30%). Darum viel Milch und hartgekochte Eier verfüttern, ansonsten siehe Hühnerkükenfütterung. Dabei ist zu beachten, daß die Küken sehr schlecht sehen und das Futter in ihrer engsten Umgebung direkt vor den Schnabel gesetzt bekommen müssen. Das gleiche gilt für die Wärmelampen. Die Küken finden oft nicht mehr zur Wärmequelle zurück. Darum ist es sinnvoller, sie von einer Putenglucke aufziehen zu lassen, die sie unter ihre Federn schlüpfen läßt. Allerdings kann es da auch schon wieder großes Durcheinander geben, wenn zwei Puten zusammen Küken aufziehen. Da die Glucken nicht darauf achten, wer sich alles unter ihre Flügel schiebt, hudert manchmal eine Pute nur 5 oder 6 Küken, während die andere mit 25 oder mehr Küken herumläuft, die natürlich nicht alle unter ihre Flügel passen, so daß ein Teil der Küken frieren wird. Das führt sofort zu Todesfällen. Darum die Putenglucken unbedingt getrennt voneinander halten! Die Einstreu muß außerdem ständig trocken gehalten werden (ca. 15 bis 20 cm dick einstreuen), auf Bodenfeuchtigkeit reagieren die Küken sehr empfindlich. Sonne und frische Luft sind unbedingt notwendig. Feuchte Einstreu, zu wenig Wärme, muffige Luft führen schnell zur gefürchteten Schwarzkopfkrankheit. Wer ganz sichergehen will, fügt dem Futter in den ersten drei Wochen ein dafür vom Tierarzt verordnetes Medikament bei, da die Verluste durch diese Krankheit sehr hoch sein können. Aus diesem Grund sollte auch der Kükenauslauf wenn möglich ein Jahr lang nicht von anderem Geflügel benutzt worden sein. Vor Regen und kaltem Wetter müssen die Tiere in den ersten acht Wochen geschützt werden, bis sich das Gefieder über dem Rücken geschlossen hat. Danach sind die Jungputen relativ unempfindlich.
Die Tiere nehmen bis zur 12. Woche bei schweren Rassen täglich bis zu 65 g zu. Nach der 12. Woche ist der Eiweißgehalt des Futters nicht mehr vorrangig, die Kalorienversorgung ist jetzt wichtiger. Weibliche Jungtiere sind von Anfang an leichter als männliche. Mit 20 Wochen sind mittelschwere Rassen schlachtreif, schwere Rassen nach etwa 25 Wochen. Die Fütterung der Puten erfolgt wie bei den Hühnern. Zu reichlichen Grünfuttermengen durch einen guten Auslauf kommen noch eine Weichfuttergabe am Morgen und ca. 75 g Körner am Abend hinzu. Grit und Sand werden zur freien Aufnahme bereitgestellt.

Stall und Auslauf

Der Stall wird ähnlich wie bei den Hühnern eingerichtet, jedoch müssen die Sitzstangen kräftiger sein (10 cm) und einen größeren Abstand untereinander und zur Rückwand haben – aber auch auf gleicher Höhe angebracht sein. Man rechnet 80 cm Abstand vom Boden und 80 cm Abstand untereinander. Von der Rückwand sollte die letzte Stange mindestens 50 cm entfernt sein. Eine Pute benötigt etwa 40 bis 50 cm Sitzfläche. Die Sitzstangen für die Jungtiere (in gleicher Höhe!) müssen ebenfalls bedacht werden. Bis zum Alter von etwa acht Wochen übernachten sie mit der Glucke in einem abgetrennten Aufzuchtstall.

Die Legenester werden ebenerdig an einer halbdunklen Stelle angebracht. Sie sollten etwa 60 x 60 cm groß sein und wie Hühnernester gebaut werden. Am besten werden die Nester mit einem kleinen Abstand voneinander aufgestellt, mit Linoleum ausgekleidet, auf das die Einstreu gelegt wird, und pro Pute ein Nest geplant. Die Tiere haben nämlich die Eigenart, sich sonst in schon belegte Nester mit hineinzuquetschen, Eier von der Nachbarin in ihr eigenes Nest zu rollen oder die Einstreu herauszuzerren. Das Linoleum – oder vielleicht eine dicke Lage Fichtennadeln – verhindern dann, daß die Eier zerdrückt werden. Ein morgendlicher Kontrollgang, um eventuell schlichtend eingreifen zu können, ist darum ratsam, zumal die Puten oft einfach auf den Eiern sitzen bleiben.

Bei sehr schlechtem Wetter im Winter werden die Puten im Stall gehalten und dort gefüttert. Der Stall muß dafür also groß genug geplant werden. Eine Pute sollte etwa einen Quadratmeter Stallbodenfläche zur Verfügung haben.

Die Stallwände müssen nicht, wie bei den Hühnern, besonders isoliert werden, da die Puten sehr kälteunempfindlich sind. Zugluft darf allerdings nicht durch die Ritzen kommen. Die Fenster müssen möglichst groß sein und im Sommer durch Drahtgeflecht ersetzt werden. Eine gute Be- und Entlüftung ohne Zugluft ist sehr wichtig. Die Auslaufklappe wird mit ca. 60 x 60 cm bemessen.

Natürlich muß der Stallboden gut mit sauberer, trockener Einstreu (ca. 10 cm hoch) aufgeschüttet werden und sollte einen festen, gut zu reinigenden Untergrund haben.

Mindestens zwei Meter hoch wird der Auslauf eingezäunt. Niedrige Büsche als Umrandung sind sehr zweckmäßig, um kalte Bodenwinde von den Tieren abzuhalten, auf die sie sehr empfindlich reagieren. Größere Büsche und Bäume als Schattenspender und zum Aufbaumen sind ebenfalls wichtig. Doch sollten die Bäume möglichst weit entfernt vom Zaun sein, sonst können die Puten problemlos den Zaun überwinden. Für die Jungtiere ist es vorteilhaft, wenn größere Zweige am Boden liegen, auf denen sie aufbaumen können.

Da Puten sehr gerne im Freien legen, können ein paar wetterfeste Legenester unter den Büschen aufgestellt werden, damit die Eier nicht irgendwo unauffindbar und verdreckt im Auslauf liegen.

Die Futtergeräte und die Tränken im Auslauf sollten immer an der gleichen Stelle bleiben, da es den Puten große Schwierigkeiten macht, sich auf Veränderungen einzustellen. Die überdachte Sandkiste für das Staubbad steht wie bei den Hühnern an einer schattigen Stelle.

Mindestens 350 m^2 Auslauf werden pro Zuchtpaar gerechnet, wenn von 10 Jungtieren zur Aufzucht ausgegangen wird. Pro Tier müssen etwa 30 bis 50 m^2 zur Verfügung stehen.

Geflügelkrankheiten

Es gibt viele Geflügelkrankheiten, die durch unsachgemäße Haltung (zu eng, zu wenig Bewegung, zu unsauber, zu wenig Frischluft, Zugluft, zu feuchte oder zu trockene Luft, falsche Ernährung usw.) gefördert werden. Wer seine Tiere artgerecht hält, wird nur selten einmal Gesundheitsprobleme mit ihnen haben. Leider sind auch oft die Tierärzte überfragt, wenn es um Geflügelkrankheiten geht. Im Zweifelsfall sollte das kranke Tier geschlachtet werden, um es von seinen Qualen zu erlösen. Der Tierkörper wird an ein Untersuchungsamt geschickt, um die genaue Krankheitsursache zu erfahren. Dies ist wichtig, da es Krankheiten gibt, die sich seuchenartig verbreiten und gegen die darum sehr schnell und gezielt vorgegangen werden muß. Kranke Tiere, die nicht geschlachtet, sondern behandelt werden, müssen von den anderen separiert werden.

Zweimal im Jahr sollte der Stall gründlich gereinigt werden, also nach dem (1mal wöchentlich fälligen) Ausmisten Sitzstangen, Kotbrett und Nester im Freien mit Schmierseife und Wasser abbürsten und an der Sonne trocknen lassen, Fußboden mit Wasser ausspritzen und schrubben, einmal im Jahr Wände kalken.

Der Sand für das Staubbad wird erneuert, wenn er verschmutzt ist. Holzasche wehrt Ungezieferbefall ab.

Durch die Verwendung der stark alkalischen Schmierseife (pH-Wert 11–12) sind meist keine anderen Desinfektionsmittel notwendig. Auch das Abflammen schwer erreichbarer Ecken mit der Lötlampe hilft. Viele Krankheiten sind vom pH-Wert der Luft abhängig. Lackmuspapier aus der Apotheke verfärbt sich in leicht saurer Atmosphäre – pH-Wert 6,5 – gelbgrün, der pH-Wert ist dann optimal. Ammoniakdämpfe, die aus feuchtem Kot aufsteigen, sorgen für alkalische Stalluft, die Krankheiten fördert. Dann färbt sich das Lackmuspapier blau.

Etwas Obstessig im Weichfutter oder ein in der Luft zerstäubtes Essigwassergemisch können sehr positiv auf die Gesundung der Atemwege einwirken – vorausgesetzt, es wurde gründlich entmistet. Kleingehackter Knoblauch im immer sauberen Trinkwasser und regelmäßiges Entmisten kann Wurmbefall verhindern oder bekämpfen. Im Sommer reichlich Grünfutter, das möglichst viele verschiedene Pflanzenarten enthält, und Keimgetreide im Winter verhindern Vitaminmangel und seine Folgen.

Die einzelnen Krankheiten

Aspergillose

Anzeichen: rasselnde Atmung, Durchfall, Mattigkeit bis zum Tod. Vor allem bei Jungtieren. Nach der Schlachtung: kleine Knoten und evtl. Schimmel in den Eingeweiden.

Ursache: Schimmelpilze in Futter und Einstreu, nicht ansteckend.

Behandlung: nicht möglich, Ursachen abstellen.

Augenentzündung
Anzeichen: gerötete, verklebte Augen, Lider geschwollen.
Ursache: Zugluft, Erkältungskrankheiten. Bei jungen Enten und Gänsen sind Trinkgefäße häufig nicht tief genug, damit die Tiere den Kopf eintauchen können.
Behandlung: Ursachen abstellen, Augen mit lauwarmem Kamillen- oder Augentrosttee des öfteren abwaschen.

Ballengeschwulst
Anzeichen: Lauffläche zwischen den Zehen schwillt an, humpelnder Gang.
Ursache: Fußverletzungen durch scharfkantige Steine, besonders bei schweren Tieren, nicht abgerundete, im Durchmesser zu kleine oder runde Sitzstangen.
Behandlung: Fuß mit Wasser und Schmierseife reinigen, mit Rasiermesser oder Skalpell aufschneiden, schmierige Absonderungen entfernen. Mit Propolistinktur in Wasser verdünnt ausspülen – am besten mit Gummiklistier. Das Tier abends behandeln, am nächsten Morgen die Wunde noch einmal mit Propolistinktur ausspülen und einen Tag im sauber eingestreuten Stallabteil halten. Bei kleinen Tieren hält es ein Helfer fest. Größere Tiere in einen Sack stecken, nur die Füße bleiben frei. Trotzdem muß das Tier festgehalten werden.

Beinbruch und Flügelbruch
Anzeichen: Körperteil hängt schlaff, kann nicht bewegt oder belastet werden.
Behandlung: Schienen und zwei bis drei Wochen separat halten. Bei schweren Verletzungen ist es besser, zu schlachten.

Bronchitis
siehe Erkältungen.

Brustbeinverkrümmung
Anzeichen: Brust ist deformiert.
Ursachen: Rachitis (Verformung zu weicher Knochen) und in Zusammenhang damit manchmal zu frühes Aufbaumen (vor der 7. Woche – Puten dürfen schon mit fünf Wochen aufbaumen). Rachitis entsteht durch Vitamin-D2-Mangel und zu wenig Sonnenlicht während der Aufzucht.
Behandlung: sonniger Auslauf, vielfältiges Grünfutter, Kalk (Futterkalk oder pasteurisierte Eierschalen), hartgekochtes Ei in der 1. Woche (Cholesterin und Sonnenlicht bauen in der Haut Vitamin D auf). Milchprodukte im Weichfutter (Phosphor) und Knochenmehl (Phosphorsäure) – während der Aufzucht besonders wichtig. Vorsicht mit Vitamin-D-Zusätzen im Trinkwasser oder Futter! Überdosierung führt ebenfalls zu Erkrankungen.

Cholera
siehe Durchfallerkrankungen.

Durchfallerkrankungen
Durchfallerkrankungen können sehr verschiedene Ursachen haben. Kotverschmierte Eier weisen auf Durchfallerkrankungen hin:
Cholera, einfacher Durchfall, Geflügelpest, rote Kükenruhr, weiße Kükenruhr,

Schwarzkopfkrankheit, Tuberkulose, Typhus und Paratyphus, Würmer.

1. Cholera
Meldepflichtige Seuche!
Tritt manchmal noch bei Wassergeflügel auf.
Anzeichen: **akut:** wäßriger bis flockiger Durchfall, gelb-grau, teilweise mit Blut vermischt, Mattigkeit, Atemnot, bei Hühnern und Puten blauer Kamm, bei Wassergeflügel blauer Schnabel. Der Tod tritt innerhalb weniger Stunden ein. **Chronisch:** Atemnot und Gelenkschwellungen.
Läppchenkrankheit, nicht meldepflichtige Form der Cholera.
Anzeichen: eiternde Kehllappen.
Ursache: mit Choleramikroorganismen verseuchtes Trinkwasser.
Behandlung: erkrankte Tiere schlachten und verbrennen.
Vorsorge: sauberes Wasser, sauberer Stall, bewachsener Auslauf, gründliche Reinigung.

2. Durchfall, einfacher
Ursache: Magensteine und Sand wurden nicht bereitgestellt, verdorbenes Futter, Erkältung durch Zugluft, Durchnässung, feuchte Einstreu.
Behandlung: Ursachen abstellen. Medizinische Holzkohle ständig zur freien Aufnahme bereitstellen, Kamillentee statt Trinkwasser bis zur Heilung.

3. Geflügelpest
Meldepflichtige Seuche!
1. klassische Geflügelpest, sehr selten.
2. atypische Geflügelpest oder Newcastle-Krankheit.
Anzeichen: grüner Durchfall, Durst, Mattigkeit, Nasenausfluß, Verdrehen des Kopfes, Röcheln.
Ursache: Viren.
Behandlung: vorbeugend durch den Tierarzt impfen lassen.

4. Kükenruhr, weiße – Pullorum
Anzeichen: weißer bis grünlicher Durchfall, kotverklebte, weiße Kloake, Piepen beim Koten, aufgetriebener Bauch, Mattigkeit, Frieren.
Ursache: Infektion mit Salmonellen im Eierstock oder beim Brüten (auch im Brutschrank), diese muß aber nicht zum Ausbruch der Krankheit führen. Auslöser können dann zu kalte oder zu warme Aufzuchtställe sein.
Behandlung: saubere, gut temperierte Ställe, Jungtiere am Anfang separat halten. Bricht die Krankheit innerhalb von zwei Tagen nach dem Kauf aus, dies vom Amtstierarzt bestätigen lassen. Der Zuchtbetrieb muß Ersatz leisten.

5. Kükenruhr, rote – Kokzidiose
Es gibt zwei Kokzidiose-Erkrankungsformen:
a) Blinddarmkokzidiose
Anzeichen: Auftreten bis zur 8. Lebenswoche.
bei Hühnern: Gelbbrauner, später blutiger Durchfall, Mattigkeit, keine Futter- und Wasseraufnahme, plötzlicher Tod oder nach sechs Tagen langsame Besserung.
b) Dünndarmkokzidiose
Anzeichen: Auftreten nach der 8. Lebenswoche.
bei Hühnern: s.o., aber schaumig gelber Durchfall; bei Puten: kein auffallender

Durchfall, Abmagerung, Wachstumsstörungen, Todesfälle.
Bei Gänsen tritt die Kokzidiose sehr selten, bei Enten gar nicht auf.
Ursache: verschiedene Protozoenarten leben im Darm, deren Eier (Oocysten) werden mit dem Kot ausgeschieden und sind bis zu einem Jahr in feuchter, warmer Umgebung lebensfähig. Kapseln der Oocysten platzen nach wenigen Tagen, und die so freigesetzten Erreger werden jetzt – vielfach vermehrt – über den Schnabel wieder aufgenommen.
Behandlung: Sulfonamide durch Tierarzt, sehr gründliche Stallreinigung, zwei Wochen lang alle drei Tage Einstreu erneuern, Auslauf wechseln, alten Auslauf ein Jahr ruhen lassen. Nährstoff- und vitaminreiches Futter. Tiere, die die Krankheit überstanden haben, sind anfangs noch sehr anfällig für andere tödliche Krankheiten, darum für optimale Haltungsbedingungen sorgen.
Die regelmäßige Verabreichung von Antikokzidiosemitteln im Fertigfutter oder Trinkwasser hat bei schlechter Haltung keine Wirkung, bei guter Haltung ist sie unnötig und führt insgesamt eher zu einer Wirkungslosigkeit der Sulfonamide durch die permanente niedrige Dosierung. In Ernstfällen helfen diese Medikamente dann auch bei hoher Dosierung durch den Tierarzt nicht mehr. Außerdem besteht die Möglichkeit, daß die Darmflora durch diese Medikamente Abwehrschwächen zeigt.

6. Schwarzkopfkrankheit

bei Puten zwischen 4 und 14 Wochen.
Anzeichen: schleimig-weißer, dann gelber Durchfall, eventuell blau-schwarze Kopfverfärbung, Mattigkeit, struppiges Gefieder, plötzlicher Tod.
Ursache: Protozoenart, ansteckend, Leber und Blinddarm entzündet. Hühner können diese Krankheit auf Puten übertragen, ohne selbst daran zu erkranken.
Behandlung: durch den Tierarzt möglich.
Vorbeugung: nicht zu viele Tiere im Auslauf, Hühner und Puten getrennt halten, junge Puten in Auslauf setzen, der ein Jahr nicht von Hühnern oder älteren Puten benutzt wurde. Eventuell vorbeugende Medikamente ins Futter oder Trinkwasser geben.

7. Typhus und Paratyphus

Meldepflichtige Seuche – auf Menschen und Haustiere übertragbar!
Anzeichen: Durchfall, Abmagerung, Kammverfärbung, bei Paratyphus ähnlich der weißen Kükenruhr. Bei Enten und Gänsen kommen Durst, Kopfverdrehen und Lähmungen hinzu.
Ursache: Salmonellen bei unsauberer Haltung und zu wenig Sonnenlicht.
Behandlung: erkrankte Tiere werden geschlachtet, bei Paratyphus können Medikamente des Tierarztes helfen.

8. Tuberkulose

Meldepflichtige Seuche, auf Menschen und Haustiere übertragbar, selten geworden.
Anzeichen: ähnlich dem Typhus. Nach der Schlachtung: Leber, Milz und Darm haben haselnußgroße gelbe Flecken.
Ursache: Tuberkelbazillen, Unsauberkeit, zu wenig Sonnenlicht, einseitiges Futter, überbeanspruchter Auslauf, alte Tiere.

Behandlung: alle Tiere müssen geschlachtet werden. Stall und Auslauf ein Jahr nicht benutzen, Stall gründlich reinigen und desinfizieren. TB-Bazillus übersteht +70 °C, verträgt aber keine Sonneneinstrahlung.

9. Würmer

a) Haarwürmer, Spulwürmer, Blinddarmwürmer, Bandwürmer

Anzeichen: Durchfall, verkotete Kloakenfedern, struppiges Gefieder, Wachstumsstörungen, Abmagerung, Mattigkeit, Blässe.
Ursache: starke Anfälligkeit gibt es bei allen Jungtieren, auch beim Menschen. Eine natürliche Abwehr entwickelt sich erst mit der Zeit. Jedoch sind feuchte, schmutzige Einstreu und ein überstrapazierter Auslauf ideale Wurmbrutstätten.
Behandlung: Medikamente vom Tierarzt, die die Tiere aber erheblich schwächen. Darum Vorbeugung durch Knoblauch und Zwiebel im Trinkwasser sowie geriebene Mohrrüben.

b) Luftröhrenwürmer

Anzeichen: Husten, Atemnot.
Ursache: Würmer befallen Luftröhre und Bronchien.
Behandlung: Medikamente vom Tierarzt.

c) Magenwurmseuche

Anzeichen: bei jungen Gänsen zwischen 4 und 8 Wochen Würgen und Lähmungen, Tod.
Ursache: Wurmbefall des Magens durch unsaubere Haltung.
Behandlung: sofort separieren, Tierarzt. Ständig für saubere, trockene Einstreu sorgen.

Eierfressen

Ursache: Kalkmangel oder Brucheier durch fehlende Nesteinstreu.
Behandlung: Ursachen abstellen.

Eierkuriositäten

kommen gelegentlich vor, sind aber meistens keine Krankheiten. (Doppeldotter, deformierte Eier, übergroße Eier, fehlender Dotter, Ei im Ei und ähnliche Gebilde).

Erkältungskrankheiten

(Schnupfen, Bronchitis, Lungenentzündung)
Anzeichen: rasselnde Atemgeräusche, Nasenausfluß, geschwollene Augen, Mattigkeit, Durchfall.
Ursache: feuchte, kalte, zugige Ställe, feuchte Einstreu, Durchnässung.
Behandlung: Ursachen abstellen, Infrarotlampe, vitaminhaltiges Futter, Tierarzt.

Federfressen

Anzeichen: federlose Kloakengegend, Bürzel und Bauch, zerfaserte Federn.
Ursache: bei Puten: verschmutztes Gefieder, sonst Langeweile, schlechte Stallluft, Streß durch zu enge Haltung, grelles Licht.
Behandlung: Ursachen abstellen.

Federlinge

– siehe Ungezieferbefall.

Fließeier

eventuell Salpingitis.
Anzeichen: Eier ohne oder mit mangelhafter Schale, verschmutztes Bauch- und Kloakengefieder.

Ursache: Kalk-, Wassermangel, zu starke Eiproduktion oder Salpingitis: Eileitererkrankung durch Salmonellen, Bakterien oder Würmer.
Behandlung: Muschelkalk, Wasser, erzwungene Legepause durch eiweißarmes Futter zur Erholung. Bei Salpingitis meist nicht möglich, darum Schlachtung.

Flöhe
– siehe Ungezieferbefall.

Kammgrind
Anzeichen: mehliger Belag auf dem Kopfgehänge.
Ursache: Fadenpilz in unsauberen Ställen.
Behandlung: verbesserte Haltungsbedingungen, befallene Stellen dick mit Schmierseife bestreichen, mehrere Tage hintereinander wiederholen, bis Grind problemlos abgehoben werden kann, mit Kamillentee abwaschen.

Kannibalismus und Zehenpicken
Anzeichen: Tiere picken sich gegenseitig die Kloaken und Zehen blutig.
Ursache: Langeweile, zu enge Haltung, zu wenig Legenester, zu wenig Einstreu.
Behandlung: Ursachen abstellen, verletzte und besonders aggressive Tiere separieren, Zehenverletzungen mit Holzteer bestreichen.

Kokzidiose
– siehe Durchfallerkrankungen.

Kropfverstopfung
Anzeichen: dicker Kropf.
Ursache: Fremdkörper.
Behandlung: Kropfschnitt durch den Tierarzt oder schlachten.

Kükenruhr
– siehe Durchfallerkrankungen.

Legenot
Anzeichen: besonders bei jungen Hühnern kommt es vor, daß sie ein Ei nicht herauspressen können.
Ursache: zu große Eier, Erkrankungen des Eierstocks.
Behandlung: Kloake einölen. Ei vorsichtig einstechen, zerkleinern und entfernen. Kommt es öfter vor: schlachten, da höchstwahrscheinlich unheilbare Eierstockerkrankung.

Leukose
Anzeichen: Abmagerung, Blässe, geringe Legetätigkeit.
Ursache: Viruserkrankung der Leber.
Behandlung: Tier schlachten. Wenn Leber vergrößert und von weißen Knoten befallen, einschicken zum Leukosetest. Eiweißfutter reduzieren.

Lungenentzündung
– siehe Erkältungskrankheiten.

Magenwurmseuche
– siehe Würmer/Durchfallerkrankungen.

Marekscher Lähme
Anzeichen: hinken, Flügel hängen nach unten, Tiere sterben mit einem Fuß nach vorn, einem nach hinten abgespreizt.
Ursache: Virus, der Gehirn und Nerven der Hühner befällt.

Behandlung: auf Impfung der Eintagsküken vom Geflügelzuchtbetrieb bestehen.
Ab der 16. Woche erkranken die Hühner nicht mehr. Nicht geimpfte Küken darum solange separat von den Alttieren halten.

Mauser
Der alljährliche Federwechsel ist ein normaler und wichtiger Vorgang. Ausnahmen sind die Halsmauser, also die Erschöpfungsmauser von zu schnell mit Eiweißfutter »getriebenen« Junghennen.
Puten, die wegen einer Behandlung zu lange mit den Händen festgehalten werden, ohne eine entspannte Haltung einnehmen zu können, verlieren an den berührten Stellen die Federn.

Milben
– siehe Ungezieferbefall.

Paratyphus
– siehe Durchfallerkrankungen.

Pullorum
– siehe Durchfallerkrankungen.

Rachitis
– siehe Brustbeinverkrümmung.

Salpingitis
– siehe Fließeier.

Schwarzkopfkrankheit
– siehe Durchfallerkrankungen.

Tuberkulose
– siehe Durchfallerkrankungen.

Typhus
– siehe Durchfallerkrankungen.

Ungezieferbefall
1. Federlinge
Anzeichen: struppiges, löchriges Gefieder, kleine Eierklumpen dieser 1–3 mm großen, braunen Kerbtiere im Kloaken-, Kopf- und Bauchgefieder sowie unter den Flügeln, Rückgang der Legetätigkeit.
Ursache: unzureichende Staubbademöglichkeit ohne Holzaschebeimischung, unsaubere Ställe.
Behandlung: Ursachen abstellen, Einpudern mit Insektenpulver vom Tierarzt. Vorsicht – Wartezeiten für Eier einhalten!
Bei der Stallreinigung die Unterseite der Sitzstangen nicht vergessen!
2. Flöhe
Anzeichen: Unruhe, ständiges Putzen.
Ursache und Behandlung wie bei Vogelmilben.
3. Milben
a) Kalkbeinmilben
Anzeichen: dicke Borken an den Läufen.
Ursache: Milben in schmutzigen Ställen. Ansteckend!
Behandlung: Ursachen abstellen, Unterseite der Sitzstangen nicht vergessen! Mit Schmierseife behandeln wie beim Kammgrind.
b) Vogelmilben
Anzeichen: Federnausfall, glanzlos, Abmagerung, blasse Kämme, geringe Legetätigkeit.
Ursache: siehe oben.
Behandlung: gründliche Stallreinigung. Unterseiten der Sitzstangen mit der Lötlampe abflammen, einpudern mit Insek-

tenmittel vom Tierarzt. Wartezeiten bei den Eiern beachten!

4. Zecken
Anzeichen, Ursache und Behandlung wie bei Vogelmilben.

Zehenpicken
– siehe Kannibalismus.

Zehenverkrümmung
Ursache: bei Küken Brutfehler, Ernährungsfehler (siehe Brustbeinverkrümmung, Rachitis). Bei älteren Tieren eventuell durch langdauernde Käfighaltung verursacht.
Behandlung: Küken Vitamin-D-reich füttern (siehe Brustbeinverkrümmung/Rachitis), älteren Tieren viel Auslauf gewähren. Wenn sich die Anzeichen nicht nach ein bis zwei Wochen bessern und die Tiere gehbehindert sind, müssen sie geschlachtet werden.

Verwertung des Geflügels

Die Schlachtung

Tiere zu schlachten ist keine angenehme Arbeit. Besonders für jemand, der es das erstemal tut, wird die Überwindung groß sein. Doch wer in biologischen Kreisläufen denkt und lebt, wird lieber die Verantwortung für ein selbst aufgezogenes Tier und dessen Schlachtung übernehmen, als sich im Supermarkt ein »Neutrum« zu kaufen, an dessen Lebensform und Schlachtung er auf den ersten Blick völlig unbeteiligt zu sein scheint.
Am besten ist es für den Anfänger, wenn er sich beim erstenmal von einem erfahrenen Nachbarn helfen läßt. Natürlich werden für den Verzehr nur ganz gesunde Tiere geschlachtet.
Das Schlachten hat folgenden Ablauf:
1. Bei Gänsen und Enten wird am Tag vor der Schlachtung darauf geachtet, daß sie sich das Gefieder mit reichlich Wasser säubern können. Am Abend wird – wie jeden Tag – sauberes Stroh auf die Einstreu verteilt, damit das Gefieder sauber bleibt.
2. Oft wird gefordert, daß die Tiere ca. 24 Stunden vorher nichts mehr zu fressen bekommen sollen. Bei Weidetieren wie dem Geflügel würde das aber Stallhaltung bedeuten. Das Weichfutter am Morgen vor dem Schlachttag sollte weggelassen werden, aber ein paar Körner am Abend schaden nicht. Man verordnete früher diesen Fastentag, da die Tiere ungeköpft und ungerupft, also meistens auch nicht ausgenommen, auf den Markt gebracht wurden. Da das Futter im Kropf und in den Därmen schnell zu säuern anfing und das Fleisch verdarb, wurde den Tieren einen Tag vorher

nichts mehr zu fressen gegeben. Bei größeren Tieren, die auch eine Harnblase haben und wo – wie beim Schwein – die Därme fürs Wursten gereinigt werden müssen, ist der Fasttag vor dem Schlachten schon sehr erleichternd.

3. Am Abend werden, wenn es um mehrere Schlachttiere geht, die Fenster mit Säcken u.ä. verdunkelt, damit die Tiere am Morgen des Schlachttages noch schläfrig sind. Enten und Gänse müssen unbedingt möglichst rasch hintereinander geschlachtet werden, da die Tiere stark trauern. Da die Zuchttiere rechtzeitig vorher beringt werden, kann es keine Verwechslungen geben.

4. Das sind die Utensilien, die während und kurz nach dem Schlachten gebraucht werden:
- abwaschbare Schürze aus Wachstuch und Gummistiefel;
- Hackklotz, etwa hüfthoch;
- Hartholzstock, etwa Unterarmlänge;
- sehr scharfes Beil oder Axt;
- sauberer Eimer oder große Schüssel;
- Kochlöffel;
- Sägespäne;
- in etwa 10 cm breite Streifen geschnittene alte Küchenhandtücher oder Leinenstoff.

5. Die zu schlachtenden Tiere werden möglichst im Dunkeln aus dem Stall geholt – mit langsamen, ruhigen Bewegungen und beruhigender Stimme. Geht es nur um ganz spezielle Tiere, dann muß schon am Vortag durch eine Stallunterteilung dafür gesorgt werden, daß die Tiere leicht zu greifen sind und keine wilde Jagd veranstaltet wird. Auch wenn mehrere Tiere geschlachtet werden sollen, muß der Stall so abgeteilt werden, daß beim Ergreifen der Tiere keine allgemeine Panik ausbricht. In Angst versetzte Tiere bluten nur schwer aus und lassen sich noch schwerer rupfen. Die Fleischqualität ist dann in jeder Hinsicht minderwertig.

6. Das Tier wird – mit beiden Händen vom Hals über die Flügel streichend – so gepackt, daß es nicht mit den Flügeln schlagen kann, hochgehoben, mit der Linken werden die Füße umfaßt, der Geflügelkopf verschwindet in der linken Ellbogenbeuge. Vorsicht: Gänse, Flugenten und Puten können mit dem Schnabel kräftig zupacken. Darum feste Kleidung und Handschuhe tragen, den Geflügelschnabel nicht in Gesichtsnähe kommen lassen. So wird das Tier ohne hastige Bewegungen zum Hackklotz transportiert.

7. Die Linke hält die Füße, mit der Rechten (vorausgesetzt, man ist Rechtshänder) legt man Brust und Bauch des Tieres auf den Hackklotz, dann mit dem Hartholz kurz und fest auf den Hinterkopf des Tieres schlagen, so daß es betäubt ist. Jetzt sofort das Beil nehmen und mit einem kräftigen Hieb direkt unterhalb des Kopfes den Hals durchtrennen. Wenn es nicht gleich geklappt hat, sofort noch einmal zuschlagen. Während dieser ganzen Zeit hält die Linke immer noch die Füße des Tieres fest umklammert!

8. Danach den Tierkörper über den Eimer oder die Schüssel halten. Nach zwei bis drei Sekunden beginnen die starken Reflexbewegungen des Körpers. Bei schweren Geflügelarten braucht man viel Kraft, um sie zu halten. Besonders beim erstenmal ist es ein gespensti-

scher Anblick, wenn die kopflosen Körper sich heftig bewegen, aber man sollte dann versuchen, sich klarzumachen, daß die Bewegungen das Blut aus dem Körper pumpen. Da sich auch der Hals hin und her bewegt, sollte man ihn mit der Rechten über den Eimer halten. Um den Eimer und den Hackklotz hat man schon vorher Sägespäne gestreut, die die Blutspritzer aufsaugen und später auf den Kompost wandern.

9. Wer »Schwarzsauer« machen möchte (in Schmalz geröstete Zwiebeln, Pfeffer, Salz, Essig, Muskat zusammen mit dem Gänseblut auf dem Herd langsam unter Rühren erhitzen), muß das in den Behälter fließende Blut jetzt ständig schnell mit dem Kochlöffel umrühren, bis es auf Raumtemperatur abgekühlt ist, sonst wird es gerinnen. Dies macht aber am besten eine zweite Person, da das Halten des zuckenden Körpers anstrengend genug sein kann. Auch als Hühner-, Puten- oder Entenfutter, mit Kleie vermischt, ist das Blut gut geeignet.

Das Ausnehmen

Eine große, saubere Tischplatte, gut beleuchtet, ein scharfes, kleines, spitzes Küchenmesser, ein etwas größeres Messer, eine kleine Schüssel und ein Tellerchen werden zum Ausnehmen gebraucht. Die Füße werden mit dem größeren Messer am Gelenk (also da, wo die ledrige Haut aufhört) rundum eingeschnitten und abgetrennt. Sie kommen in die Schüssel für den Komposthaufen. Der Hals wird mitsamt der Haut in Schulterhöhe abgetrennt. Stilecht wäre es, eine Art Luftröhrenschnitt in die Halshaut zu plazieren und durch diese Öffnung Luftröhre, Speiseröhre und Kropf herauszuholen. Da aber sowohl beim Braten als auch beim Einfrieren der lang abstehende Hals doch immer abgeschnitten wird, ist diese radikale Methode doch einfacher. Die Haut des Halses wird abgezogen und mit ihr Kropf, Luft- und Speiseröhre entfernt. Die Katze freut sich darüber.

Nun legt man den Geflügelkörper auf den Rücken, setzt das kleine Küchenmesser unterhalb des Brustkorbs an und schneidet vorsichtig und nicht zu tief eine Öffnung bis zur Kloake. Jetzt wird die Bauchhöhle geöffnet, man greift unter das Ende des Darmes, schneidet um die Kloake herum – Vorsicht, damit kein Kot austritt und das Fleisch verschmutzt! – und zieht das Darmende mit der Kloake ein Stück heraus. Dann fährt man mit einer Hand an den Eingeweiden vorbei in die Bauchhöhle, löst mit den Fingern rundherum die dünne Bindegewebshaut ab und umgreift nun möglichst viel der Eingeweide und zieht sie vorsichtig heraus. Leber und Magen werden abgetrennt, die Därme kommen in die Kompostschüssel. Nun ganz vorsichtig das Lebergewebe um die Gallenblase herum ausschneiden – die Galle in die Schüssel, die Leber auf das Tellerchen. Der Magen wird an der Schmalseite aufgeschnitten, entleert und mit dem Messer die weiße bis gelbe Innenhaut entfernt. Je älter das Tier, um so schlechter löst sie sich ab. Magen, Hals und Leber kommen zusammen auf das Tellerchen, ebenso das Herz, das noch aus der Bauchhöhle geholt wird und des-

sen glasige Hülle und Adern entfernt werden. Lungenreste, Knorpelteile der Luft- und Speiseröhre, Hoden bzw. Eierstock werden noch entfernt, dann kann das Tier gründlich unter fließend kaltem Wasser gereinigt werden.
Wer einen kühlen, trockenen, mäusesicheren Raum hat, hängt das Geflügel nun für zwei bis drei Tage mit der Halsöffnung nach oben dort ab. Andernfalls kann das Fleisch auch gleich zubereitet oder eingefroren werden.
In den Keulen der Pute sitzen sechs Sehnen, die mit einer Zange entfernt werden müssen, indem man sie aus dem aufgeschnittenen Lauf herauszieht. Da sie sehr scharfkantig sind, sollte man nicht mit den Händen daran ziehen. Werden die Sehnen nicht entfernt, dann wird die Keule beim Braten völlig hart.

Literatur zum Thema

Fachbücher

ENGELMANN, C.: Leben und Verhalten unseres Hausgeflügels. Verlag Neumann-Neudamm, Melsungen 1984

Lexikon der neuzeitlichen Landwirtschaft. Verlag W. Girardet, Essen 1974

LORENZ, K.: Das Jahr der Graugans. dtv, München 1982

Der große Geflügelstandard. Verlag Oertel und Spörer, Reutlingen

MÜNTER, W.: Geflügelställe. A. Philler-Verlag, Minden 1978

RHEIN, U.: Der Geflügelhof. Pala-Verlag, Schaafheim 1985

ROCKSTROH, M.: Geflügelhaltung. A. Philler-Verlag, Minden 1979

ders.: Brut und Aufzucht des Geflügels. A. Philler-Verlag, Minden 1978
ders.: Geflügelkrankheiten. A. Philler-Verlag, Minden 1980

SIEBENEICHER, G.: Ratgeber für den biologischen Landbau. Südwest-Verlag, München 1985

Zeitschriften, Jahrbücher

Deutscher Kleintierzüchter, Ausgabe Geflügel. Verlag Oertel und Spörer, Reutlingen

Geflügelbörse. Jürgens KG, Germering

Jahrbuch der Geflügelwirtschaft. Verlag Eugen Ulmer, Stuttgart

Das grüne Geflügeljahrbuch. Verlag Oertel und Spörer, Reutlingen

Tabellarischer Anhang

Verhalten

	Hühner	Puten	Enten	Gänse
reine Vegetarier				x
Weidetiere	x	x	x	xx
Insekten-vertilger	x	x	x	
Wassertiere			xx	x
flugfähig	xo	xo	ox Flugenten xx	ox
weit über-schaub. Auslauf		x	x	xx
bewachsener Auslauf	xx	x	x	
gut isolierter Stall	x			
strenge Rang-ordnung	x	ox		
fester Familien-verband				x
loser Verband			x	
Daunen			x	x
eßbare Eier	x	x	x	x
gute Brüterin	xo	xx	o	ox

x = ja, o = eingeschränkt

Tabellen

Fortpflanzung

	Hühner	Puten	Enten	Warzenenten	Gänse
Legeperioden	ganzjährig (nicht während Mauser, Brut und Aufzucht)	Februar–April	Januar–Juli (Ind. Laufente Herbst–Frühjahr)	Frühjahr, Sommer, Herbst	Februar–Mai (Diepholzer G. auch Herbst)
Mögl. Brütigkeit	April–Oktober	März–Mai	Hauptsächlich Frühjahr, aber auch später	2–3mal jährlich	Februar–Mai
Beste Brutzeit	April	April	April und später	April	April
Brutdauer (Tage)	21	28	24–28	35	28–32
Anzahl Eier pro Brutpaar	bis 15	bis 15	bis 15	bis 15	bis 15
Verhältnis männliche: weibliche Tiere	1:10–20	1:8–15	1:3–4	1:1	1:3–4 Toulouser 1:1
Günstiges Fortpflanzungsalter ab	Hahn: 12 Mon. Henne: 24 Mon.	Hahn: 8 Mon. Henne: 8 Mon.	Erpel: 7–8 Mon. Ente: 7–8 Mon.	wie Enten	Ganter + Gans: 1 Jahr und älter Toulouser 2 Jahre und älter

Eier- und Fleischleistung

	Hühner	Puten	Enten	Gänse
Eier/Jahr	150–260	60–180	100–250	30–80
Eigewicht	50–65 g	79–90 g	70–80 g	170–200 g
Legereife	25–28 Wochen	200–250 Tage	28 Wochen	280–300 Tage
Mastdauer	Hähne + Poularden 10–15 Wochen	20–25 Wochen	9–10 Wochen	11–12 Wochen als Jungmastgans, 7–8 Monate als Martini- oder Weihnachtsgans
Schlachtgewicht	ab 1,5 kg	6–18 kg	2–5 kg	4–15 kg
Mauser	Herbst	Herbst	ca. 10 Wochen nach Schlupf, 2 Teilmausern im 3-Wochen-Abstand, Pekingenten alle 8–10 Wochen	ca. 12–13 Wochen nach dem Schlupf, 2 Teilmausern im 3-Wochen-Abstand

Flächenbedarf

	Stall (m2)	Auslauf (m2)
Huhn	0,5	20
Pute	1,0	30–50
Ente	0,5	30–50 + Wasser
Gans	0,5	125–200 + Wasser
10 Hühner + 1 Hahn	6,0 + Stalleinrichtung	150–200
1 Glucke + 10 Küken	5,0 + Stalleinrichtung	50–100 je nach Alter
Putenpaar + Nachzucht	12,0	350
Entenpaar + Nachzucht	9,0	400 + Wasser
Gänsepaar + Nachzucht	9,0	1000–1500 + Wasser

Register

Register

Register